农民工煤矿作业基础知识

主　编　隆　泗

参　编　覃继兰　华道友

游华聪

西南交通大学出版社

·成　都·

内容简介

本书以问答的形式，从煤矿农民工应该具备的劳动合同与劳动保护知识入手，重点介绍了煤矿农民工的权利和义务、煤矿生产的基本条件、煤矿安全生产的基本知识、新工人入井须知等内容。该书既可以作为煤矿农民工全面了解从事煤矿井下作业的基本知识和安全生产常识的读物，也可作为各煤矿和煤矿安全培训中心开展全员培训或进行新工人培训的教材。

图书在版编目（CIP）数据

农民工煤矿作业基础知识 / 隆泗主编. —成都：西南交通大学出版社，2012.5（2015.2 重印）
ISBN 978-7-5643-1631-0

Ⅰ. ①农… Ⅱ. ①隆… Ⅲ. ①煤矿－矿山安全－基本知识 Ⅳ. ①TD7

中国版本图书馆 CIP 数据核字（2012）第 001645 号

农民工煤矿作业基础知识

主编 隆 泗

*

责任编辑 杨岳峰
特邀编辑 吴明建
封面设计 本格设计
西南交通大学出版社出版发行
四川省成都市金牛区交大路 146 号 邮政编码：610031
发行部电话：028-87600564)
http: //www.xnjdcbs.com
四川森林印务有限责任公司印刷

*

成品尺寸：148 mm×210 mm 印张：6.5
字数：181 千字
2012 年 5 月第 1 版 2015 年 2 月第 3 次印刷
ISBN 978-7-5643-1631-0
定价：18.00 元

前　言

为便于煤矿农民工理解和学习，针对目前煤矿农民工的实际，本书以问答的形式，从煤矿农民工应该具备的职业道德和安全生产的法律法规入手，重点介绍了煤矿农民工的权利和义务、煤矿生产的基本知识、灾害防治、工人入井须知等。农民工通过学习，掌握从事煤矿生产所必须具备的基本知识。该书既可以作为煤矿农民工全面了解从事煤矿井下作业的基本知识和安全生产常识的读物，也可作为各煤矿和煤矿安全培训中心开展全员培训或进行新工人培训的教材。

本书由隆泗教授主编。参加编写工作的有：覃继兰、华道友、游华聪。本书的出版得到了西南交通大学出版社有关领导和同志的大力支持，在此对他们一并表示诚挚的谢意！

由于编写人员水平有限，书中疏漏和不当之处在所难免，敬请读者和专家们不吝批评指正。

来函径寄四川省成都市青华路 34 号四川煤矿安全技术培训中心隆泗收（邮政编码：610072，联系电话：028-87314264）。

编　者

2011 年 9 月

目录

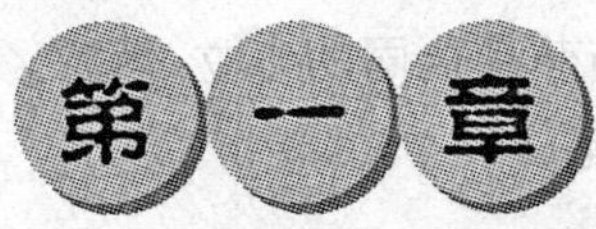

煤矿农民工的权利和义务

煤炭生产是高风险行业，为了保障煤矿职工的人身安全，我国确立了“安全第一，预防为主”的安全生产方针。国家制定了大量的有关煤矿安全生产的法律法规，对煤矿企业的安全生产条件、安全保障责任等作出了严格规定，同时也规定了企业职工在安全生产方面的权利和义务，规定了违反安全生产法律法规企业和职工应承担的法律责任。农民工是煤矿职工的重要组成部分，同时，农民工也是一个特殊的群体，我国劳动法一方面对农民工和企业其他职工的劳动权益一视同仁，在法律法规规定的安全生产、劳动保护等方面的权利义务与其他职工并无差别；另一方面对农民工劳动保护的具体落实等问题也作出一些特殊的规定。

本章介绍了我国安全生产法律法规规定的煤矿农民工的基本权利和义务；与煤矿职工密切相关的劳动合同知识和国家劳动保护以及工伤待遇政策等。

第一节　劳动合同与劳动保护

《中华人民共和国劳动合同法》(以下简称《劳动合同法》) 已于 2008 年 1 月 1 日正式生效，《劳动合同法》的颁布，为明确劳动合同双方当事人的权利、义务，保护劳动者的合法权益，构建和发展和

谐稳定的劳动关系有着十分重大的意义。本节结合《中华人民共和国劳动法》（以下简称《劳动法》）、《劳动合同法》和相关的法规政策，针对煤炭行业农民工的具体情况，主要介绍与劳动合同的订立、解除、工伤、劳动争议纠纷的解决等有关的法律规定。

1.1　用人单位应当怎样与劳动者签订劳动合同?

劳动合同是劳动者与用人单位确立劳动关系，明确双方权利和义务的协议。建立劳动关系应当订立劳动合同。订立和变更劳动合同，应遵循平等自愿、协商一致的原则，不得违反法律、行政法规的规定。

劳动合同应当具备以下必备条款：

（1）劳动合同期限。即劳动合同的有效时间。

（2）工作内容和工作地点。即劳动者在劳动合同有效期内所从事的工作岗位（工种）及地点，以及工作应达到的数量、质量指标或者应当完成的任务。

（3）工作时间和休息休假。

（4）劳动报酬。即在劳动者提供了正常劳动的情况下，用人单位应当支付的工资。

（5）社会保险。

（6）劳动保护、劳动条件和职业危害防护。即为了保障劳动者在劳动过程中的安全、卫生及其他劳动条件，用人单位根据国家有关法律、法规而采取的各项保护措施。

除此之外，用人单位与劳动者还可以就试用期、培训、保密、补充保险、福利待遇等方面进行约定，还可以在符合法律及有关政策的前提下，对劳动合同终止的条件和违反劳动合同的责任等内容进行协商约定。

根据《中华人民共和国职业病防治法》的规定，用人单位与劳动者订立劳动合同时，应当将工作过程中可能产生的职业病（包括职业中毒）危害及其后果、防护措施和待遇等如实告知劳动者，并在劳动合同中写明，不得隐瞒或者欺骗。劳动者在劳动合同履行期间因工作岗位或者工作内容变更，从事与所订立劳动合同中未告知的存在职业病（包括职业中毒）危害的作业时，用人单位应当向劳动者履行如实告知的义务，并协商变更原劳动合同相关条款。用人单位违反规定的，劳动者有权拒绝从事存在职业中毒的作业，用人单位不得因此单方面解除或者终止与劳动者所订立的劳动合同。

《中华人民共和国安全生产法》（以下简称《安全生产法》）规定，生产经营单位与从业人员订立的劳动合同，应当载明有关保障从业人员劳动安全、防止职业危害的事项，以及依法为从业人员办理工伤社会保险的事项。生产经营单位不得以任何形式与从业人员订立协议，免除或者减轻其对从业人员因生产安全事故伤亡依法应承担的责任。违法订立这类协议的，该协议无效，对生产经营单位的主要负责人、个人经营的投资人处 2 万元以上 10 万元以下的罚款。

1.2　农民工应该与谁签订劳动合同?

农民工应与有合法用工权的煤矿企业签订劳动合同，建立劳动关系，而不是与包工头或者其他个人签订劳动合同。这样，当出现拖欠工资、工伤赔付等劳动争议时，有利于保护自己的利益。如果与包工头或者其他个人签订劳动合同，由于他们没有合法的用工权，很有可能导致劳动合同无效，给农民工维权带来很多的困难。

在发放工资时，企业应将工资直接发放给农民工本人，严禁发放给包工头或其他不具备用工主体资格的组织和个人。

1.3　企业违法分包工程的，应承担什么样的责任?

原劳动和社会保障部《关于确立劳动关系有关事项的通知》（劳社部发〔2005〕12 号）规定，建筑施工、矿山企业等用人单位将工程（业务）或经营权发包给不具备用工主体资格的组织或自然人，对该组织或自然人招用的劳动者，由具备用工主体资格的发包方承

担用工主体责任。也就是说，由发包方承担用人单位的法律责任。

1.4 关于劳动合同的期限，法律是如何规定的?

根据《劳动法》和《劳动合同法》的规定，用人单位与劳动者签订的劳动合同期限可以分为三类：① 有固定期限，即在合同中明确约定效力期间，期限可长可短，长到几年、十几年，短到一年或者几个月。② 无固定期限，即劳动合同中只约定了起始日期，没有约定具体终止日期。无固定期限劳动合同可以依法约定终止劳动合同条件，在履行中只要不出现约定的终止条件或法律规定的解除条件，一般不能解除或终止，劳动关系可以一直存续到劳动者退休为止。③ 以完成一定的工作为期限，即以完成某项工作或者某项工程为有效期限，该项工作或者工程一经完成，劳动合同即终止。

如果劳动者在该用人单位连续工作满十年的或者已经连续订立二次固定期限劳动合同，用人单位与劳动者需继续签订劳动合同时，只要劳动者自己要求，用人单位就应该与劳动者签订无固定期限的劳动合同。

用人单位自用工之日起满一年不与劳动者订立书面劳动合同的，视为用人单位与劳动者已订立无固定期限劳动合同。

1.5 如何在劳动合同中约定试用期?

劳动合同期限三个月以上不满一年的，试用期不得超过一个月；劳动合同期限一年以上不满三年的，试用期不得超过二个月；三年以上固定期限和无固定期限的劳动合同，试用期不得超过六个月。同一用人单位与同一劳动者只能约定一次试用期。

以完成一定工作任务为期限的劳动合同或者劳动合同期限不满三个月的，不得约定试用期。

试用期应包含在劳动合同期限内。劳动合同仅约定试用期的，试用期不成立，该期限为劳动合同期限。

1.6 订立劳动合同时，用人单位可以向劳动者收取保证金或扣留居民身份证和其他证件吗?

《劳动合同法》规定，用人单位招用劳动者，不得扣押劳动者的居民身份证和其他证件，不得要求劳动者提供担保或者以其他名义向劳动者收取财物。

用人单位违反法律规定，扣押劳动者居民身份证等证件的，由劳动行政部门责令限期退还劳动者本人，并以每人五百元以上二千元以下的标准处以罚款；给劳动者造成损害的，用人单位应当承担赔偿责任。

1.7 与用人单位存在事实劳动关系的劳动者，也受劳动法律法规的保护吗?

《劳动合同法》规定，用人单位自用工之日起即与劳动者建立了劳动关系。

根据原劳动和社会保障部《关于确立劳动关系有关事项的通知》(劳社部发〔2005〕12号) 规定，用人单位招用劳动者未订立书面劳动合同，但同时具备下列情形的，劳动关系成立:

(1) 用人单位和劳动者符合法律、法规规定的主体资格;

(2) 用人单位依法制定的各项劳动规章制度适用于劳动者，劳动者受用人单位的劳动管理，从事用人单位安排的有报酬的劳动;

(3) 劳动者提供的劳动是用人单位业务的组成部分。

用人单位未与劳动者签订劳动合同，认定双方存在劳动关系时可参照下列凭证:

(1) 工资支付凭证或记录 (职工工资发放花名册)、缴纳各项社会保险费的记录;

(2) 用人单位向劳动者发放的“工作证”、“服务证”等能够证明身份的证件;

(3) 劳动者填写的用人单位招工招聘“登记表”、“报名表”等招用记录;

(4) 考勤记录;

(5) 其他劳动者的证言等。

其中,(1)、(3)、(4) 项的有关凭证由用人单位负举证责任。

用人单位招用劳动者符合有关规定情形的,用人单位应当与劳动者补签劳动合同,劳动合同期限由双方协商确定。协商不一致的,任何一方均可提出终止劳动关系,但对符合签订无固定期限劳动合同条件的劳动者,如果劳动者提出订立无固定期限劳动合同,用人单位就应当与之订立。

1.8 法律法规对用人单位向职工按时足额支付工资是如何规定的?

《劳动法》中所指的“工资”是指用人单位依据国家有关规定或劳动合同的约定,以货币形式直接支付给本单位劳动者的劳动报酬,一般包括计时工资、计件工资、奖金、津贴和补贴、延长工作时间的工资报酬以及特殊情况下支付的工资等。

《劳动法》及《工资支付暂行规定》(劳部发〔1994〕489 号)对用人单位支付工资的行为作出了具体规定:

(1) 工资应当以法定货币(即人民币)形式支付,不得以实物及有价证券替代货币支付。

(2) 用人单位应将工资支付给劳动者本人;本人因故不能领取工资时,可由其亲属或委托他人代领。

(3) 用人单位可直接支付工资,也可委托银行代发工资。

(4) 工资必须在用人单位与劳动者约定的日期支付。如遇节假日或休息日,应提前在最近的工作日支付。工资至少每月支付一次,实行周、日、小时工资制的可按周、日、小时支付工资。

对完成一次性临时劳动或某项具体工作的劳动者,用人单位应按有关协议或合同规定在其完成劳动任务后即支付工资。劳动关系双方依法解除或终止劳动合同时，用人单位应在解除或终止劳动合同时一次付清劳动者工资。

（5）用人单位必须书面记录支付劳动者工资的数额、时间、领取者的姓名以及签字，并保存两年以上备查。用人单位在支付工资时应向劳动者提供一份其个人的工资清单。

1.9 用人单位无故拖欠劳动者工资应负什么样的责任?

无故拖欠工资是指用人单位无正当理由超过规定付薪时间未支付劳动者工资。

我国《劳动合同法》规定：用人单位未按照劳动合同的约定或者国家规定及时足额支付劳动者劳动报酬的，由劳动行政部门责令限期支付劳动报酬或者经济补偿；逾期不支付的，责令用人单位按应付金额百分之五十以上百分之一百以下的标准向劳动者加付赔偿金。

但是，以下几种情况不属于无故拖欠工资：① 用人单位遇到非人力所能抗拒的自然灾害、战争等原因，无法按时支付工资；② 用人单位因生产经营困难、资金周转受到影响，在征得本单位工会同意后，可暂时延期支付劳动者工资，延期时间的最长限制可由省、自治区、直辖市劳动行政部门根据各地情况确定。

用人单位拖欠或者未足额支付劳动报酬的，劳动者可以依法向当地（用人单位所在地）人民法院申请支付令，人民法院应当依法发出支付令。

1.10 劳动者怎样向人民法院申请支付令?

劳动者在支付令申请书中应当写明请求支付的劳动报酬的数量和所根据的事实、证据。劳动者提出申请后，人民法院应当在五日内通知劳动者是否受理。人民法院受理申请后，经审查劳动者提供的事实、证据等符合法律规定的，应当在受理之日起十五日内向用人单位发出支付令；用人单位应当自收到支付令之日起十五日内支付劳动报

酬，或者向人民法院提出书面异议。用人单位在规定期间不提出异议又不履行支付令的，劳动者可以向人民法院申请强制执行。

1.11 在劳动者提供正常劳动的情况下，用人单位支付的工资低于当地最低工资标准的，应承担什么责任？

根据《劳动法》、原劳动和社会保障部《最低工资规定》等规定，在劳动者提供正常劳动的情况下，用人单位应支付给劳动者的工资在剔除下列各项以后，不得低于当地最低工资标准：① 延长工作时间工资；② 中班、夜班、高温、低温、井下、有毒有害等特殊工作环境条件下的津贴；③ 法律、法规和国家规定的劳动者福利待遇等。

实行计件工资或提成工资等工资形式的用人单位，在科学合理的劳动定额基础上，其支付劳动者的工资不得低于相应的最低工资标准。

正常劳动，是指劳动者按依法签订的劳动合同约定，在法定工作时间或劳动合同约定的工作时间内从事的劳动。劳动者依法享受带薪年休假、探亲假、婚丧假、生育（产）假、节育手术假等国家规定的假期期间，以及法定工作时间内依法参加社会活动期间，视为提供了正常劳动。

在劳动合同中，双方当事人约定的劳动者在未完成劳动定额或承包任务的情况下，用人单位可低于最低工资标准支付劳动者工资的条款不具有法律效力。劳动者与用人单位形成或建立劳动关系后，试用、熟练、见习期间，在法定工作时间内提供了正常劳动，其所在的用人单位应当支付其不低于最低工资标准的工资。因劳动者本人原因给用人单位造成经济损失的，用人单位可按照劳动合同的约定，要求其赔偿经济损失。经济损失的赔偿，可从劳动者本人的工资中扣除。但每月扣除的部分不得超过劳动者当月工资的 20%。若扣除后的剩余工资部分低于当地月最低工资标准的，则按最低工资标准支付。

我国《劳动合同法》规定：用人单位低于当地最低工资标准支付劳动者工资的，由劳动行政部门责令用人单位支付其差额部分；逾期不支付的，责令用人单位按应付金额百分之五十以上百分之一百以下的标准向劳动者加付赔偿金。

1.12 劳动者加班后，有权获得加班工资吗？

我国《劳动合同法》规定：用人单位安排加班不支付加班费的，由劳动行政部门责令限期支付加班费或者经济补偿；逾期不支付的，责令用人单位按应付金额百分之五十以上百分之一百以下的标准向劳动者加付赔偿金。

支付加班加点工资的标准是：① 安排劳动者延长工作时间的（即正常工作日加点），支付不低于劳动合同规定的劳动者本人小时工资标准的 150% 的工资报酬；② 休息日（即星期六、星期日或其他休息日）安排劳动者工作又不能安排补休的，支付不低于劳动合同规定的劳动者本人日工资标准的 200% 的工资报酬；③ 法定休假日（即元旦、春节、国际劳动节、国庆节以及其他法定节假日）安排劳动者工作的，支付不低于劳动合同规定的劳动者本人日工资标准的 300% 的工资报酬。

经劳动行政部门批准实行综合计算工时工作制的劳动者，其综合计算工作时间超过法定标准工作时间的部分，应视为延长工作时间，并应按照《劳动法》和《工资支付暂行规定》的有关规定支付劳动者延长工作时间的工资。实行不定时工时制度的劳动者，不执行《劳动法》和《工资支付暂行规定》中关于延长工作时间工资的规定。实行计件工资的劳动者，在法定工作时间外安排加点的，支付不低于其本人法定工作时间计件单价的 150% 的工资；休息日和法定节假日加班的，分别支付不低于本人法定工作时间计件单价的 200%、300% 的工资。

1.13 如果劳动合同无效，劳动者还需要履行吗？

无效的劳动合同是指不具有法律效力的劳动合同。根据《劳动合同法》的规定，下列劳动合同无效或者部分无效：① 以欺诈、胁迫的手段或者乘人之危，使对方在违背真实意思的情况下订立或者变更劳动合同的；② 用人单位免除自己的法定责任、排除劳动者权利的；③ 违反法律、行政法规强制性规定的。对劳动合同的无效或者部分无效有争议的，由劳动争议仲裁机构或者人民法院确认。

劳动合同被确认无效，劳动者已付出劳动的，用人单位应当向劳动者支付劳动报酬。劳动报酬的数额，参照本单位相同或者相近岗位劳动者的劳动报酬确定。

劳动合同被确认无效，给对方造成损害的，有过错的一方应当承担赔偿责任。

1.14 用人单位可以随意变更劳动合同吗？

劳动合同的变更，是指劳动关系双方当事人就已订立的劳动合同的部分条款达成修改、补充或者废止的法律行为。《劳动法》规定，变更劳动合同，应当遵循平等自愿、协商一致的原则，不得违反法律、行政法规的规定。经双方协商同意依法变更后的劳动合同继续有效，对双方当事人都有约束力。

用人单位变更名称、法定代表人、主要负责人或者投资人等事项，不影响劳动合同的履行。

用人单位发生合并或者分立等情况，原劳动合同继续有效，劳动合同由承继其权利和义务的用人单位继续履行。

1.15 《劳动合同法》对解除劳动合同是如何规定的？

劳动合同的解除，是指劳动合同有效成立后至终止前这段时期内，当具备法律规定的劳动合同解除条件时，由用人单位或劳动者一方或双方提出，而提前解除双方的劳动关系。

根据《劳动合同法》的规定，劳动者可以和用人单位协商解除劳动合同，也可以在符合法律规定的情况下单方解除劳动合同。

一、劳动者有权解除劳动合同的情形：

1. 劳动者提前三十日以书面形式通知用人单位，可以解除劳动合同。

2. 劳动者在试用期内提前三日通知用人单位，可以解除劳动合同。

3. 当用人单位有下列情形之一的，劳动者可以随时通知用人单位解除劳动合同：

（1）未按照劳动合同约定提供劳动保护或者劳动条件的；

（2）未及时足额支付劳动报酬的；

（3）未依法为劳动者缴纳社会保险费的；

（4）用人单位的规章制度违反法律、法规的规定，损害劳动者权益的；

（5）用人单位违反法律规定的情形致使劳动合同无效的；

（6）法律、行政法规规定劳动者可以解除劳动合同的其他情形。

4. 当用人单位以暴力、威胁或者非法限制人身自由的手段强迫劳动者劳动的，或者用人单位违章指挥、强令冒险作业危及劳动者人身安全的，劳动者可以立即解除劳动合同，不需事先告知用人单位。

二、用人单位有权解除劳动合同的情形：

1. 劳动者有下列情形之一的，用人单位可以解除劳动合同：

（1）在试用期间被证明不符合录用条件的；

（2）严重违反用人单位的规章制度的；

（3）严重失职，营私舞弊，给用人单位造成重大损害的；

（4）劳动者同时与其他用人单位建立劳动关系，对完成本单位的工作任务造成严重影响，或者经用人单位提出，拒不改正的；

（5）劳动者以欺诈、胁迫的手段或者乘人之危，使对方在违背真实意思的情况下订立或者变更劳动合同，致使劳动合同无效的；

(6) 被依法追究刑事责任的。

2. 有下列情形之一的，用人单位提前三十日以书面形式通知劳动者本人或者额外支付劳动者一个月工资后，可以解除劳动合同：

(1) 劳动者患病或者非因工负伤，在规定的医疗期满后不能从事原工作，也不能从事由用人单位另行安排的工作的；

(2) 劳动者不能胜任工作，经过培训或者调整工作岗位，仍不能胜任工作的；

(3) 劳动合同订立时所依据的客观情况发生重大变化，致使劳动合同无法履行，经用人单位与劳动者协商，未能就变更劳动合同内容达成协议的。

3. 有下列情形之一，需要裁减人员二十人以上或者裁减不足二十人但占企业职工总数百分之十以上的，用人单位提前三十日向工会或者全体职工说明情况，听取工会或者职工的意见后，裁减人员方案经向劳动行政部门报告，可以裁减人员：

(1) 依照企业破产法规定进行重整的；

(2) 生产经营发生严重困难的；

(3) 企业转产、重大技术革新或者经营方式调整，经变更劳动合同后，仍需裁减人员的；

(4) 其他因劳动合同订立时所依据的客观经济情况发生重大变化，致使劳动合同无法履行的。

裁减人员时，应当优先留用下列人员：

(1) 与本单位订立较长期限的固定期限劳动合同的；

(2) 与本单位订立无固定期限劳动合同的；

(3) 家庭无其他就业人员，有需要扶养的老人或者未成年人的。

三、为保护处于特定情况下的劳动者的特定权益，《劳动合同法》规定，劳动者有下列情形之一的，用人单位不得解除劳动合同：

(1) 从事接触职业病危害作业的劳动者未进行离岗前职业健康检查，或者疑似职业病病人在诊断或者医学观察期间的；

（2）在本单位患职业病或者因工负伤并被确认丧失或者部分丧失劳动能力的；

（3）患病或者非因工负伤，在规定的医疗期内的；

（4）女职工在孕期、产期、哺乳期的；

（5）在本单位连续工作满十五年，且距法定退休年龄不足五年的；

（6）法律、行政法规规定的其他情形。

用人单位应当在解除或者终止劳动合同时出具解除或者终止劳动合同的证明，并在十五日内为劳动者办理档案和社会保险关系转移手续。

四、用人单位违反劳动合同法的规定解除或者终止劳动合同的，应当依照劳动合同法规定的经济补偿标准的二倍向劳动者支付赔偿金。

1.16 用人单位在什么情况下可以与劳动者约定违约金?

根据《劳动合同法》的规定，用人单位只有在以下两种情况下才能与劳动者约定违约金：

（1）用人单位为劳动者提供专项培训费用，对其进行专业技术培训的，可以与该劳动者订立协议，约定服务期。劳动者违反服务期约定的，应当按照约定向用人单位支付违约金。违约金的数额不得超过用人单位提供的培训费用。用人单位要求劳动者支付的违约金不得超过服务期尚未履行部分所应分摊的培训费用。

（2）对用人单位的高级管理人员、高级技术人员和其他负有保密义务的人员，用人单位与劳动者可以在劳动合同中约定保守用人单位的商业秘密和与知识产权相关的保密事项。对负有保密义务的劳动者，用人单位可以在劳动合同或者保密协议中与劳动者约定竞业限制条款，并约定在解除或者终止劳动合同后，在竞业限制期限内按月给予劳动者经济补偿。劳动者违反竞业限制约定的，应当按照约定向用人单位支付违约金。

除以上情况以外，用人单位不得与劳动者约定违约金，即使约定了违约金条款，也是无效的。

1.17　在什么情况下，用人单位解除劳动合同应当依法向劳动者支付经济补偿金?

根据《劳动合同法》的规定，在下列情况下，用人单位解除与劳动者的劳动合同，应当向劳动者支付经济补偿金：

（一）由用人单位提出，经与劳动者协商一致，解除劳动合同的。

（二）当用人单位有下列情形时，劳动者解除劳动合同的：

（1）未按照劳动合同约定提供劳动保护或者劳动条件的；

（2）未及时足额支付劳动报酬的；

（3）未依法为劳动者缴纳社会保险费的；

（4）用人单位的规章制度违反法律、法规的规定，损害劳动者权益的；

（5）用人单位以欺诈、胁迫的手段或者乘人之危，使劳动者在违背真实意思的情况下订立或者变更劳动合同，导致劳动合同无效的；

（6）用人单位以暴力、威胁或者非法限制人身自由的手段强迫劳动者劳动的，或者用人单位违章指挥、强令冒险作业危及劳动者人身安全时，劳动者解除劳动合同的。

（三）用人单位在下列情形下解除劳动合同的：

（1）劳动者患病或者非因工负伤，在规定的医疗期满后不能从事原工作，也不能从事由用人单位另行安排的工作的；

（2）劳动者不能胜任工作，经过培训或者调整工作岗位，仍不能胜任工作的；

（3）劳动合同订立时所依据的客观情况发生重大变化，致使劳动合同无法履行，经用人单位与劳动者协商，未能就变更劳动合同内容达成协议的。

（四）用人单位依照企业破产法规定进行重整的；生产经营发生严重困难的；企业转产、重大技术革新或者经营方式调整的；或者其他因劳动合同订立时所依据的客观经济情况发生重大变化，致使劳动合同无法履行时，与劳动者解除劳动合同的。

（五）当固定期限劳动合同期满，除用人单位维持或者提高劳动合同约定条件续订劳动合同，劳动者不同意续订的情形外，终止劳动合同的。

（六）当用人单位被依法宣告破产或者被吊销营业执照、责令关闭、撤销或者用人单位决定提前解散，导致劳动合同终止的。

1.18 经济补偿金的标准是什么?

经济补偿金的标准按劳动者在本单位工作的年限，以每满一年支付一个月工资的标准向劳动者支付。六个月以上不满一年的，按一年计算；不满六个月的，向劳动者支付半个月工资的经济补偿。劳动者月工资高于用人单位所在直辖市、设区的市级人民政府公布的本地区上年度职工月平均工资三倍的，向其支付经济补偿的标准按职工月平均工资三倍的数额支付，向其支付经济补偿的年限最高不超过十二年。

所谓月工资，是指劳动者在劳动合同解除或者终止前十二个月的平均工资。

另外，用人单位未按规定给予劳动者经济补偿的，由劳动行政部门责令用人单位限期支付经济补偿；逾期不支付的，责令用人单位按应付金额百分之五十以上百分之一百以下的标准向劳动者加付赔偿金。

经济补偿金应当一次性发给。

1.19 农民工有权参加工伤保险吗?

工伤保险是指劳动者因工作原因遭受意外伤害或患职业病而

造成死亡、暂时或永久丧失劳动能力时，劳动者及其遗属能够从国家、社会得到必要的物质补偿的一种社会保险制度。根据《工伤保险条例》的规定，工伤保险的适用范围包括中华人民共和国境内各类企业、有雇工的个体工商户以及这些用人单位的全部职工或者雇工。所以，这些单位的农民工也应当参加工伤保险。原劳动和社会保障部《关于农民工参加工伤保险有关问题的通知》（劳社部发〔2004〕18号）规定，用人单位注册地与生产经营地不在同一统筹地区的，原则上在注册地参加工伤保险。未在注册地参加工伤保险的，在生产经营地参加工伤保险。农民工受到事故伤害或患职业病后，在参保地进行工伤认定、劳动能力鉴定，并按参保地的规定依法享受工伤保险待遇。用人单位在注册地和生产经营地均未参加工伤保险的，农民工受到事故伤害或者患职业病后，在生产经营地进行工伤认定、劳动能力鉴定，并按生产经营地的规定依法由用人单位支付工伤保险待遇。劳动者参加工伤保险，本人无需缴纳工伤保险费。

1.20 哪些情况可以被认定为工伤?

《工伤保险条例》规定，职工有下列情形之一的，应当认定为工伤：① 在工作时间和工作场所内，因工作原因受到事故伤害的；② 工作时间前后在工作场所内，从事与工作有关的预备性或者收尾性工作受到事故伤害的；③ 在工作时间和工作场所内，因履行工作职责受到暴力等意外伤害的；④ 患职业病的；⑤ 因工外出期间，由于工作原因受到伤害或者发生事故下落不明的；⑥ 在上下班途中，受到机动车事故伤害的；⑦ 法律、行政法规规定应当认定为工伤的其他情形。

按照《职业病防治法》的规定，职业病是指劳动者在职业活动中，因接触粉尘、放射性物质和其他有毒、有害物质等因素而引起的疾病。

职工有下列情形之一的，视同工伤：① 在工作时间和工作岗位，突发疾病死亡或者在48小时之内经抢救无效死亡的；② 在抢险救灾等维护国家利益、公共利益活动中受到伤害的；③ 职工原在军队服役，因战、因公负伤致残，已取得革命伤残军人证，到用人单位后旧伤复发的。

下列情形不得认定为工伤或者视同工伤：① 因犯罪或者违反治安管理伤亡的；② 醉酒导致伤亡的；③ 自残或者自杀的。

1.21　劳动者发生工伤后，如何申请工伤认定？

《工伤保险条例》规定，职工发生事故伤害或者按照职业病防治法规定被诊断、鉴定为职业病，所在单位应当自事故伤害发生之日或者被诊断、鉴定为职业病之日起 30 日内，向统筹地区劳动保障行政部门提出工伤认定申请。遇有特殊情况，经报劳动保障行政部门同意，申请时限可以适当延长。用人单位未在规定的时限内提交工伤认定申请，在此期间发牛符合《工伤保险条例》规定的工伤待遇等有关费用由该用人单位负担。

用人单位未按规定提出工伤认定申请的，工伤职工或者其直系亲属、工会组织在事故伤害发生之日或者被诊断、鉴定为职业病之日起 1 年内，可以直接向用人单位所在地统筹地区劳动保障行政部门提出工伤认定申请。

提出工伤认定申请应当提交下列材料：① 工伤认定申请表；② 与用人单位存在劳动关系（包括事实劳动关系）的证明材料；③ 医疗诊断证明或者职业病诊断证明书（或者职业病诊断鉴定书）；工伤认定申请表应当包括事故发生的时间、地点、原因以及职工伤害程度等基本情况。工伤认定申请人提供材料不完整的，劳动保障行政部门应当一次性书面告知工伤认定申请人需要补正的全部材料。申请人按照书面告知要求补正材料后，劳动保障行政部门应当受理。

劳动保障行政部门应当自受理工伤认定申请之日起 60 日内作出工伤认定的决定，并书面通知申请工伤认定的职工或者其直系亲属和所在单位。

1.22 因工致残的，如何评残？

职工发生工伤，经治疗伤情相对稳定后存在残疾、影响劳动能力的，应当进行劳动能力鉴定。

劳动能力鉴定，是由劳动能力鉴定委员会根据用人单位、职工本人或其直系亲属的申请，组织劳动能力鉴定医学专家，根据国家制定的标准，运用医学科学技术的方法和手段，确定劳动者劳动功能障碍程度和生活自理障碍程度的一种综合评定制度。劳动功能障碍分为十个伤残等级：一级至四级为全部丧失劳动能力，五级至六级为大部分丧失劳动能力，七级至十级为部分丧失劳动能力。生活自理障碍分为三个等级：生活完全不能自理、生活大部分不能自理、生活部分不能自理。

《工伤保险条例》规定，职工发生工伤，经治疗伤情相对稳定后存在残疾、影响劳动能力的，应当进行劳动能力鉴定。鉴定申请应向设区的市级劳动能力鉴定委员会提出，并提交工伤认定决定和职工工伤医疗的有关资料。对该鉴定结论不服的，可以在收到鉴定结论之日起 15 日内向省、自治区、直辖市劳动能力鉴定委员会提出再次鉴定申请。省、自治区、直辖市劳动能力鉴定委员会作出的劳动能力鉴定结论为最终结论。

劳动能力鉴定结论作出之日起 1 年后，工伤职工或其直系亲属、其所在单位或者经办机构认为残情发生变化，可以向劳动能力鉴定委员会提出复查鉴定申请，劳动能力鉴定委员会依据国家标准对其进行鉴定，作出劳动能力鉴定结论。

1.23 发生工伤后，治疗等费用由谁承担？

《工伤保险条例》规定，职工因工作遭受事故伤害或者患职业病进行治疗，享受工伤医疗待遇。职工治疗工伤应当在签订服务协议的医疗机构就医，情况紧急时可以先到就近的医疗机构急救。治疗工伤所需费用符合工伤保险诊疗项目目录、工伤保险药品目录、工伤保险住院服务标准的，从工伤保险基金支付。职工住院治疗工伤的，由所在单位按照本单位因公出差伙食补助标准的70%发给住院伙食补助费；经医疗机构出具证明，报经办机构同意，工伤职工到统筹地区以外就医的，所需交通、食宿费用由所在单位按照本单位职工因公出差标准报销。工伤职工到签订服务协议的医疗机构进行康复性治疗的费用，符合规定的，从工伤保险基金支付。

工伤职工治疗非工伤引发的疾病，不享受工伤医疗待遇，按照基本医疗保险办法处理。

1.24　因工负伤治疗期间，职工应有什么待遇？

停工留薪期是指职工因工负伤、患职业病需要接受工伤医疗而暂停工作，由用人单位继续发给原工资福利待遇的一段期间。停工留薪期一般不超过12个月，伤情严重或者情况特殊，经劳动能力鉴定委员会确认，可以适当延长，但延长不得超过12个月。在停工留薪期内，原工资福利待遇不变，由所在单位按月支付。工伤职工评定伤残等级后，停发原待遇，按照《工伤保险条例》的有关规定享受伤残待遇。工伤职工在停工留薪期满后仍需治疗的，工伤医疗待遇继续享受。生活不能自理的工伤职工在停工留薪期需要护理的，由所在单位负责。

1.25　需要生活护理的工伤职工，可以依法享受生活护理费吗？

生活护理费是指工伤职工经评残并经劳动能力鉴定委员会确认需要生活护理的，由工伤保险经办机构从工伤保险基金中按月支付生活护理补助的费用。《工伤保险条例》规定，生活护理费按照生活完全不能自理、生活大部分不能自理或者生活部分不能自理3个不同等级支付，其标准分别为统筹地区上年度职工月平均工资的50%、40%或者30%。

1.26 一至四级伤残应享受哪些工伤待遇？

《工伤保险条例》规定，职工因工致残被鉴定为一级至四级伤残的，保留劳动关系，退出工作岗位，享受以下待遇：

(1) 从工伤保险基金按伤残等级支付一次性伤残补助金，标准为：一级伤残为 24 个月的本人工资，二级伤残为 22 个月的本人工资，三级伤残为 20 个月的本人工资，四级伤残为 18 个月的本人工资。

(2) 从工伤保险基金按月支付伤残津贴，标准为：一级伤残为本人工资的 90%，二级伤残为本人工资的 85%，三级伤残为本人工资的 80%，四级伤残为本人工资的 75%。伤残津贴实际金额低于当地最低工资标准的，由工伤保险基金补足差额。

(3) 工伤职工达到退休年龄并办理退休手续后，停发伤残津贴，享受基本养老保险待遇。基本养老保险待遇低于伤残津贴的，由工伤保险基金补足差额。

职工因工致残被鉴定为一级至四级伤残的，由用人单位和职工个人以伤残津贴为基数，缴纳基本医疗保险费。

1.27 农民工因工致残被鉴定为一级至四级伤残的，可以选择一次性支付的方式吗？

原劳动和社会保障部《关于农民工参加工伤保险有关问题的通知》(劳社部发〔2004〕18 号) 规定，对跨省流动的农民工，即户籍不在参加工伤保险统筹地区（生产经营地）所在省（自治区、直辖市）的农民工，一至四级伤残长期待遇的支付，可试行一次性支付和长期支付两种方式，供农民工选择。在农民工选择一次性或长期支付方式时，支付其工伤保险待遇的社会保险经办机构应向其说明情况。一次性享受工伤保险长期待遇的，需由农民工本人提出，与用人单位解除或者终止劳动关系，与统筹地区社会保险经办机构签订协议，终止工伤保险关系。一至四级伤残农民工一次性享受工伤保险长期待遇的具体办法和标准由省（自治区、直辖市）劳动保障行政部门制定，报省（自治区、直辖市）人民政府批准。

1.28 五级、六级伤残应享受哪些工伤待遇?

《工伤保险条例》规定，职工因工致残被鉴定为五级、六级伤残的，享受以下待遇:

(1) 从工伤保险基金按伤残等级支付一次性伤残补助金，标准为: 五级伤残为 16 个月的本人工资，六级伤残为 14 个月的本人工资。

(2) 保留与用人单位的劳动关系，由用人单位安排适当工作。难以安排工作的，由用人单位按月发给伤残津贴，标准为: 五级伤残为本人工资的 70%，六级伤残为本人工资的 60%，并由用人单位按照规定为其缴纳应缴纳的各项社会保险费。伤残津贴实际金额低于当地最低工资标准的，由用人单位补足差额。

1.29 职工因工致残被鉴定为五级、六级伤残的，用人单位可以主动提出与其解除或终止劳动关系吗?

职工因工致残被鉴定为五级、六级伤残的，用人单位不得主动提出与其解除或终止劳动关系。如果工伤职工本人提出，该职工可以与用人单位解除或者终止劳动关系，由用人单位支付一次性工伤医疗补助金和伤残就业补助金。具体标准由省、自治区、直辖市人民政府规定。

1.30 七至十级伤残应享受哪些工伤待遇?

《工伤保险条例》规定，职工因工致残被鉴定为七级至十级伤残的，享受以下待遇:

(1) 从工伤保险基金按伤残等级支付一次性伤残补助金，标准为:

七级伤残为 12 个月的本人工资，八级伤残为 10 个月的本人工资，九级伤残为 8 个月的本人工资，十级伤残为 6 个月的本人工资。

（2）劳动合同期满终止，或者职工本人提出解除劳动合同的，由用人单位支付一次性工伤医疗补助金和伤残就业补助金。具体办法由省、自治区、直辖市人民政府规定。

1.31 职工因工死亡，其直系亲属可以享受什么样的待遇？

《工伤保险条例》规定，职工因工死亡，其直系亲属按照下列规定从工伤保险基金领取丧葬补助金、供养亲属抚恤金和一次性工亡补助金：

（1）丧葬补助金为 6 个月的统筹地区上年度职工月平均工资。

（2）供养亲属抚恤金按照职工本人工资的一定比例发给由因工死亡职工生前提供主要生活来源、无劳动能力的亲属。标准为：配偶每月 40%，其他亲属每人每月 30%，孤寡老人或者孤儿每人每月在上述标准的基础上增加 10%。核定的各供养亲属的抚恤金之和不应高于因工死亡职工生前的工资。

（3）一次性工亡补助金标准为 48 个月至 60 个月的统筹地区上年度职工月平均工资。

1.32 哪些人属于供养亲属的范围？

按照法律规定，因工死亡职工供养亲属，包括该职工的配偶、子女、父母、祖父母、外祖父母、孙子女、外孙子女、兄弟姐妹。

1.33 领取供养亲属抚恤金的条件是什么？

依靠因工死亡职工生前提供主要生活来源，并有下列情形之一的，可按规定申请供养亲属抚恤金：

（1）完全丧失劳动能力的；

（2）工亡职工配偶男年满 60 周岁、女年满 55 周岁的；

（3）工亡职工父母男年满 60 周岁、女年满 55 周岁的；

（4）工亡职工子女未满 18 周岁的；

（5）工亡职工父母均已死亡，其祖父、外祖父年满 60 周岁，祖母、外祖母年满 55 周岁的；

（6）工亡职工子女已经死亡或完全丧失劳动能力，其孙子女、外孙子女未满 18 周岁的；

（7）工亡职工父母均已死亡或完全丧失劳动能力，其兄弟姐妹未满 18 周岁的。

1.34 用人单位未参加工伤保险的，工伤职工的工伤待遇由谁负责？

《工伤保险条例》规定，用人单位依照本条例规定应当参加工伤保险而未参加的，由劳动保障行政部门责令改正；未参加工伤保险期间用人单位职工发生工伤的，由该用人单位按照《工伤保险条例》规定的工伤保险待遇项目和标准支付费用。

1.35 非法用工单位的劳动者也有享受工伤待遇的权利吗？

《工伤保险条例》和原劳动和社会保障部《非法用工单位伤亡人员一次性赔偿办法》规定，无营业执照或者未经依法登记、备案的单位以及被依法吊销营业执照或者撤销登记、备案的单位的职工受到事故伤害或者患职业病的，由该单位向伤残职工或者死亡职工的直系亲属给予一次性赔偿；用人单位不得使用童工，用人单位使用童工造成童工伤残、死亡的，由该单位向童工或者童工的直系亲属给予一次性赔偿。

一次性赔偿包括受到事故伤害或患职业病的职工或童工在治疗期间的费用和一次性赔偿金。职工或童工受到事故伤害或患职业

病，在劳动能力鉴定之前进行治疗期间的生活费、医疗费、护理费、住院期间的伙食补助费及所需的交通费等费用，按照《工伤保险条例》规定的标准和范围，全部由伤残职工或童工所在单位支付。

一次性赔偿金数额应当在受到事故伤害或患职业病的职工或童工死亡或者经劳动能力鉴定后确定。劳动能力鉴定按属地原则由单位所在地设区的市级劳动能力鉴定委员会办理，劳动能力鉴定费用由伤亡职工或者童工所在单位支付。一次性赔偿金按以下标准支付：一级伤残的为赔偿基数的 16 倍，二级伤残的为赔偿基数的 14 倍，三级伤残的为赔偿基数的 12 倍，四级伤残的为赔偿基数的 10 倍，五级伤残的为赔偿基数的 8 倍，六级伤残的为赔偿基数的 6 倍，七级伤残的为赔偿基数的 4 倍，八级伤残的为赔偿基数的 3 倍，九级伤残的为赔偿基数的 2 倍，十级伤残的为赔偿基数的 1 倍，死亡的为赔偿基数的 10 倍。

赔偿基数是指单位所在地工伤保险统筹地区上年度职工年平均工资。

1.36 农民工有休假的权利吗？

农民工依法享有休假权利，主要包括：

（1）法定节假日。根据国务院《全国年节及纪念日放假办法》规定，我国法定节假日包括三类。第一类是全体公民放假的节日，包括新年、春节、清明节、端午节、中秋节、劳动节和国庆节。第二类是部分公民放假的节日及纪念日，包括妇女节、青年节等。第三类是少数民族习惯的节日，具体节日由各少数民族聚居地区的地方人民政府，按照各该民族习惯，规定放假日期。全体公民放假的假日，如果适逢星期六、星期日，应当在工作日补假。部分公民放假的假日，如果适逢星期六、星期日，则不补假。

（2）病假。根据劳动部《企业职工患病或非因工负伤医疗期规定》（劳部发〔1994〕479 号）等有关规定，任何企业职工因患病或非因工负伤，需要停止工作医疗时，企业应该根据职工本人实际参加工作年限和在本单位工作年限，给予一定的病假假期。职工实际工作年限 10 年以下的，在本单位工作 5 年以下的为 3 个月；5 年以上的为 6 个月。实际工作年限在 10 年以上的，在本单位工作 5 年以下的为 6 个月；5 年以上 10 年以下的为 9 个月；10 年以上 15 年以下的为 12 个月；15 年以上 20 年以下为 18 个月；20 年以上的为 24 个月。医疗期 3 个月的按 6 个月内累计病休时间计算；6 个月的按 12 个月内累计病休时间计算；9 个月的按 15 个月内累计病休时间计算；12 个月的按 18 个月内累计病休时间计算；18 个月的按 24 个月内累计病休时间计算；24 个月的按 30 个月内累计病休时间计算。

根据国家有关规定，职工疾病或非因工负伤停止工作连续医疗期间在 6 个月以内的，企业应该向其支付病假工资；医疗期限超过 6 个月时，病假工资停发，改由企业按月付给疾病或非因工负伤救济费。病假工资的支付标准是：本企业工龄不满 2 年者，为本人工资的 60%；已满 2 年不满 4 年者，为本人工资的 70%；已满 4 年不满 6 年者，为本人工资的 80%；已满 6 年不满 8 年者，为本人工资的 90%；已满 8 年及 8 年以上者，为本人工资的 100%。疾病或非因工负伤救济费的支付标准是：本企业工龄不满 1 年者，为本人工资的 40%；已满 1 年未满 3 年者，为本人工资的 50%；3 年及 3 年以上者，为本人工资的 60%。病假工资或疾病救济费不能低于最低工资标准的 80%。

此外，农民工还依法享有女职工产假、依法参加社会活动请假等。

1.37 煤矿企业必须为职工购买哪些法定保险？

按照法律法规的规定，煤矿企业必须为职工购买养老保险、医疗保险、失业保险、工伤保险，为井下作业人员购买人身意外伤害保险、生育保险。这是煤矿企业的法定义务。

1.38　农民工有权参加基本医疗保险吗?

根据国家有关规定，各地要逐步将与用人单位形成劳动关系的农村进城务工人员纳入医疗保险范围。根据农村进城务工人员的特点和医疗需求，合理确定缴费率和保障方式，解决他们在务工期间的大病医疗保障问题，用人单位要按规定为其缴纳医疗保险费。据此，在已经将农民工纳入医疗保险范围的地区，农民工有权参加医疗保险，用人单位和农民工本人应依法缴纳医疗保险费，农民工患病时，可以按照规定享受有关医疗保险待遇。

1.39　农民工有权参加基本养老保险吗?

按照国务院《社会保险费征缴暂行条例》等有关规定，基本养老保险覆盖范围内的用人单位的所有职工，包括农民工，都应该参加养老保险，履行缴费义务。参加养老保险的农民合同制职工，在与企业终止或解除劳动关系后，由社会保险经办机构保留其养老保险关系，保管其个人账户并计息，凡重新就业的，应接续或转移养老保险关系；也可按照省级政府的规定，根据农民合同制职工本人申请，将其个人账户个人缴费部分一次性支付给本人，同时终止养老保险关系，凡重新就业的，应重新参加养老保险。农民合同制职工在男年满 60 周岁、女年满 55 周岁时，累计缴费年限满 15 年以上的，可按规定领取基本养老金；累计缴费年限不满 15 年的，其个人账户全部储存额一次性支付给本人。

1.40　农民工有权参加失业保险吗?

根据《失业保险条例》规定，城镇企业事业单位招用的农民合同制工人应该参加失业保险，用人单位按规定为农民工缴纳社会保险费，农民合同制工人本人不缴纳失业保险费。单位招用的农民合同制工人连续工作满 1 年，本单位并已缴纳失业保险费，劳动合同期满未续订或者提前解除劳动合同的，由社会保险经办机构根据其工作时间长短，对其支付一次性生活补助。补助的办法和标准由省、自治区、直辖市人民政府规定。

1.41 煤矿企业职工有哪些常见的职业病?

职业病，是指企业、事业单位和个体经济组织的劳动者在职业活动中，因接触粉尘、放射性物质和其他有毒、有害物质等因素而引起的疾病。在煤炭行业，最常见的职业病是煤工尘肺病。

1.42 针对职业危害，企业有告知劳动者的义务吗?

企业与劳动者订立劳动合同，应当将工作过程中可能产生的职业病危害及其后果、职业病防护措施和待遇等如实告知劳动者，并在劳动合同中写明，不得隐瞒或者欺骗。

产生职业病危害的企业，应当在醒目位置设置公告栏，公布有关职业病防治的规章制度、操作规程、职业病危害事故应急救援措施和工作场所职业病危害因素检测结果。

对产生严重职业病危害的作业岗位，应当在其醒目位置，设置警示标志和中文警示说明。

1.43 企业应承担预防职业病的责任吗?

(1) 用人单位必须采用有效的职业病防护设施，并为劳动者提供个人使用的职业病防护用品。

(2) 用人单位应当对劳动者进行上岗前的职业卫生培训和在岗期间的定期职业卫生培训，普及职业卫生知识，督促劳动者遵守职业病防治法律、法规、规章和操作规程，指导劳动者正确使用职业病防护设备和个人使用的职业病防护用品。

(3) 对从事接触职业病危害作业的劳动者，用人单位应当按照国务院卫生行政部门的规定组织上岗前、在岗期间和离岗时的职业

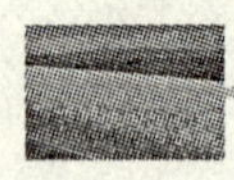

健康检查，并将检查结果如实告知劳动者。职业健康检查费用由用人单位承担。

煤矿企业必须对新入矿工人进行职业健康检查，并建立健康档案。对接尘工人的职业健康检查必须拍照胸大片。

1.44　法律规定患有哪些疾病的人不得从事接尘作业？

按照法律法规的规定，患有以下疾病的人，不得从事接尘作业：

（1）活动性肺结核病及肺外结核病。

（2）严重的上呼吸道或支气管疾病。

（3）显著影响肺功能的肺脏或胸膜病变。

（4）心血管器质性疾病。

1.45　法律规定患哪些疾病的人不得从事井下作业？

按照法律法规的规定，凡是不能从事接尘作业的人，都不能从事井下工作；同时患有反复活动的风湿病和严重的皮肤病的人，也不能到井下工作。

1.46　法律规定患哪些疾病的人不得从事煤炭生产工作？

按照法律法规的规定，患有癫痫病和精神分裂症的人严禁从事煤炭生产工作。

1.47　国家法律对童工、未成年工是怎样进行特别保护的？

凡聘用未满 16 周岁的未成年人工作的，是使用童工。国家禁止使用童工。

凡聘用已满 16 周岁未满 18 周岁的未成年人工作的，是使用未成年工。国家对未成年工予以特别保护。煤矿不得安排未成年工从事井下作业，并且应当对未成年工定期进行健康检查。

1.48 国家对煤矿企业聘用女工有什么特别规定?

国家法律规定,煤矿企业不得聘用女工从事井下作业。

1.49 劳动者在权益受到用人单位或非法职业中介机构等侵害时,可以向什么机构投诉?

根据《劳动法》、《劳动保障监察条例》等规定,任何组织或者个人对违反劳动保障法律、法规或者规章的行为,有权向劳动保障行政部门举报。

劳动者认为用人单位侵犯其劳动保障合法权益的,有权向用人单位用工所在地的县级或者设区的市级劳动保障行政部门投诉。可以投诉的事项包括:

(1)用人单位违反录用和招聘职工规定的。如招用童工、收取风险抵押金、扣押身份证件等。

(2)用人单位违反有关劳动合同规定的。如拒不签订劳动合同、违法解除劳动合同、解除劳动合同后不按国家规定支付经济补偿金、国有企业终止劳动合同后不按规定支付生活补助费等。

(3)用人单位违反女职工和未成年工特殊劳动保护规定的。如安排女职工和未成年工从事国家规定的禁忌劳动、未对未成年工进行健康检查等。

(4)用人单位违反工作时间和休息休假规定的。如超时加班加点、强迫加班加点、不依法安排劳动者休假等。

(5)用人单位违反工资支付规定的。如克扣或无故拖欠工资、拒不支付加班加点工资、拒不遵守最低工资保障制度规定等。

(6)用人单位制定的劳动规章制度违反法律法规规定的。如用人单位规章制度规定农民工不参加工伤保险、工伤责任由农民工自负等。

(7)用人单位违反社会保险规定的。如不依法为农民工参加社会保险和缴纳社会保险费、不依法支付工伤保险待遇等。

（8）未经工商部门登记的非法用工主体违反劳动保障法律法规，侵害农民工合法权益的。

（9）职业中介机构违反职业中介有关规定的。如提供虚假信息、违法乱收费等。

（10）从事劳动能力鉴定的组织或者个人违反劳动能力鉴定规定的。如提供虚假鉴定意见、提供虚假诊断证明、收受当事人财物。

（11）劳动者认为用人单位等侵犯其其他劳动保障合法权益的。

如果用人单位没有营业执照或者已被依法吊销营业执照，有劳动用工行为的，劳动保障行政部门仍然有权依法实施劳动保障监察，并及时通报工商行政管理部门予以查处取缔。

1.50 劳动者与用人单位发生劳动争议后，可以通过什么程序来解决？

根据《劳动法》和《中华人民共和国劳动争议调解仲裁法》的规定，劳动者与用人单位发生劳动争议后，可选择以下几个程序解决：

（1）双方自行协商解决。当事人在自愿的基础上进行协商，达成和解协议。

（2）调解程序。不愿双方自行协商或达不成协议的，双方可自愿申请企业调解委员会调解，对调解达成的协议自觉履行。调解不成或者达成调解协议后不履行的，可申请仲裁。当事人也可直接申请仲裁。

（3）仲裁程序。当事人一方或双方都可以向仲裁委员会申请仲裁。仲裁庭应当先行调解，调解不成的，作出裁决。一方当事人不履行生效的仲裁调解书或裁决书的，另一方当事人可以申请人民法院强制执行。该程序是人民法院处理劳动争议的前置程序，也就是说，人民法院不直接受理没有经过仲裁程序的劳动争议案件。

（4）法院审判程序。当事人对仲裁裁决不服的，可以自收到仲裁裁决书之日起15日内将对方当事人作为被告向人民法院提起诉讼。人民法院按照民事诉讼程序进行审理，实行两审终审制。法院审判程序是劳动争议处理的最终程序。

1.51　劳动争议仲裁委员会对什么类型的劳动争议进行仲裁？

根据《劳动法》、《中华人民共和国劳动争议调解仲裁法》等有关规定，劳动者与用人单位发生下列劳动争议，可以向劳动争议仲裁委员会提出仲裁申请：

（1）因确认劳动关系发生的争议；

（2）因订立、履行、变更、解除和终止劳动合同发生的争议；

（3）因除名、辞退和辞职、离职发生的争议；

（4）因工作时间、休息休假、社会保险、福利、培训以及劳动保护发生的争议；

（5）因劳动报酬、工伤医疗费、经济补偿或者赔偿金等发生的争议；

（6）法律、法规规定的其他劳动争议。

1.52　劳动者如何向劳动争议仲裁委员会申请仲裁？

根据《劳动法》和《中华人民共和国劳动争议调解仲裁法》的规定，当事人申请仲裁，第一，应当在规定的时限内进行，从当事人知道或者应当知道其权利被侵害之日起计算，劳动争议申请仲裁的时效期间为一年。第二，申请人申请仲裁应当提交书面仲裁申请，并按照被申请人人数提交副本。仲裁申请书应当载明下列事项：①劳动者的姓名、性别、年龄、职业、工作单位和住所，用人单位的名称、住所和法定代表人或者主要负责人的姓名、职务；②仲裁请求和所根据的事实、理由；③证据和证据来源、证人姓名和住所。书写仲裁申请确有困难的，可以口头申请，由劳动争议仲裁委员会记入笔录，

并告知对方当事人。第三，当事人申请仲裁，应当向劳动合同履行地或者用人单位所在地的劳动争议仲裁委员会提出申请。

仲裁庭裁决劳动争议案件，应当自劳动争议仲裁委员会受理仲裁申请之日起四十五日内结束。案情复杂需要延期的，经劳动争议仲裁委员会主任批准，可以延期并书面通知当事人，但是延长期限不得超过十五日。逾期未作出仲裁裁决的，当事人可以就该劳动争议事项向人民法院提起诉讼。

从 2008 年 5 月 1 日起，劳动争议仲裁不收费。

1.53　用人单位以暴力、威胁或者非法限制人身自由的手段强迫工人劳动或者侮辱、体罚、殴打、非法搜查和拘禁劳动者的，应负什么法律责任?

用人单位如果以暴力、威胁或者其他手段强迫工人劳动，或者非法限制职工的人身自由、非法搜查、体罚、殴打职工的，由公安部门按照治安管理处罚法的规定追究责任人的法律责任，如果构成犯罪，则应追究其刑事责任。

与此相关的犯罪有：非法拘禁罪、强迫工人劳动罪、侮辱罪、伤害罪、非法搜查罪等。

第二节　煤矿安全生产法律知识

目前，我国已初步形成煤矿安全生产法律法规体系，包括：《中华人民共和国安全生产法》、《中华人民共和国矿山安全法》、《中华人民共和国煤炭法》、《中华人民共和国劳动法》、《中华人民共和国职业病防治法》等法律，《安全生产许可证条例》、《工伤保险条例》、《煤矿安全监察条例》、《国务院关于预防煤矿生产安全事故的特别规定》、《劳动保障监察条例》等行政法规，还有由国家安全生产监督管理总局制定的《煤矿安全规程》、《安全生产违法行为行政处罚办法》等部委规章，以及各省制定的法规和规章。

国家制定煤矿安全生产法律法规，是为了加强煤矿安全生产监督管理，防止和减少煤炭生产安全事故，保障煤矿企业职工的生命安全，农民工作为煤矿企业职工的重要组成部分，认真学习和严格遵守安全生产法律法规的有关规定是十分重要的。

1.54 为什么要学习煤矿安全生产法律法规?

煤炭行业属于高危行业，安全生产是企业的生命线，煤矿农民工通过学习煤矿安全生产法律法规，明确法律法规中规定的煤矿职工应享有的权利，以及为了保护职工的权利企业应承担的责任，有利于煤矿企业农民工保护自己的合法权益；通过学习，明确法律法规中规定的煤矿职工应承担的义务，以及违反法律规定的义务需要承担什么后果。

1.55 煤矿农民工享有哪些安全生产法律法规规定的权利?

按照《安全生产法》的规定，从业人员享有的安全生产保障权利主要包括：

(1) 有关安全生产的知情权。包括获得安全生产教育和技能培训的权利，被如实告知作业场所和工作岗位存在的危险因素、防范措施及事故应急措施的权利。

(2) 获得符合国家标准的劳动防护用品的权利。

(3) 对安全生产问题提出批评、建议的权利。从业人员有权对本单位安全生产管理工作存在的问题提出建议、批评、检举、控告，生产单位不得因此作出对从业人员不利的处分。

(4) 对违章指挥的拒绝权。从业人员对管理者作出的可能危及安全的违章指挥，有权拒绝执行，并不得因此受到对自己不利的处分。

(5) 采取紧急避险措施的权利。从业人员发现直接危及人身安全的紧急情况时，有权停止作业或者在采取紧急措施后撤离作业场所，并不得因此受到对自己不利的处分。

(6) 在发生生产安全事故后，有获得及时抢救和医疗救治并获得工伤保险赔付的权利等。

从业人员所在的生产经营单位，应保证从业人员权利的实现。

1.56　煤矿农民工应履行哪些安全生产的法定义务?

按照《安全生产法》的规定，从业人员在享有获得安全生产保障权利的同时，也负有以自己的行为保证安全生产的义务。主要包括:

(1) 在作业过程中必须遵守本单位的安全生产规章制度和操作规程，服从管理，不得违章作业;

(2) 接受安全生产教育和培训，掌握本职工作所需要的安全生产知识;

(3) 发现事故隐患应当及时向本单位安全生产管理人员或主要负责人报告;

(4) 正确使用和佩戴劳动防护用品。

只有每个从业人员都认真履行自己在安全生产方面的法定义务，生产经营单位的安全生产工作才有扎实的基础，才能落到实处。

1.57　煤矿农民工对作业场所和工作岗位的危险因素有知情权吗?

煤矿作业中，存在着大量的危险因素，如瓦斯、顶板、水、火、粉尘等。许多事故的教训反映出职工对面临的危险毫不知情，对如何防范也不太清楚，由此导致严重的后果。因此，《安全生产法》对安全生产知情权作出了规定，规定企业职工有权了解其作业场所和工作岗位存在的危险因素、防范措施及事故应急措施，有权对本单位的安全生产工作提出建议。同时，规定了煤矿企业有义务事前向职工告知作业场所和工作岗位存在的危险因素，以及应采取的事故应急措施。否则，企业就侵犯了职工的知情权。

我国《职业病防治法》和《劳动合同法》都明确规定，用人单位与劳动者订立劳动合同时，应当将工作过程中可能产生的职业病危害及其后果、职业病防护措施和待遇等如实告知劳动者，并在劳动合同中写明，不得隐瞒或者欺骗。

劳动者在已订立劳动合同期间因工作岗位或者工作内容变更，从事与所订立劳动合同中未告知的存在职业病危害的作业时，用人单位应当向劳动者履行如实告知的义务，并协商变更原劳动合同相关条款。

用人单位违反有关规定的，劳动者有权拒绝从事存在职业病危害的作业，用人单位不得因此解除或者终止与劳动者所订立的劳动合同。

1.58　在生产安全的紧急情况下，农民工有撤离作业现场的权利吗?

为了在紧急情况下最大限度地保护现场作业人员的人身安全，我国法律规定职工发现直接危及人身安全的紧急情况时，有权停止作业或者在采取可能的应急措施后撤离作业场所。单位不得因为职工的这种行为而降低其工资、福利等待遇或者解除与其订立的劳动合同。

当然，职工在行使该项权利时，也必须满足一些条件：

（1）必须有确实的根据说明有直接危及人身安全的紧急情况，不能捕风捉影。

（2）紧急情况危及的必须是人身安全，而不是其他。

（3）除非在非常紧急的情况下，一般应先停止作业、采取可能的应急措施，然后再撤离。

（4）依照我国其他法律对紧急避险制度的规定，对某些负有特殊职责的人，不适用紧急避险。如消防人员、飞行人员、车辆驾驶人员、矿山企业井下的瓦斯检测员、区队长、技术人员等，在发生危及

人身安全的紧急情况时，在可能的情况下，应首先履行职责，组织人员撤退并采取相应的措施，只有在迫不得已的最后时刻才能撤离。

1.59 职工有权拒绝违章指挥和强令冒险作业吗?

我国法律法规规定，职工有权制止违章作业，拒绝违章指挥，当工作地点出现险情时，有权立即停止作业，撤到安全地点；当险情没有得到处理不能保证人身安全时，有权拒绝作业。

在发生的很多煤矿生产安全事故中,都反映出企业管理人员违章指挥和强令工人违章冒险作业的情况,法律赋予职工有拒绝违章指挥和强令冒险作业的权利，一方面，保障工人的生命安全；另一方面，也要求煤矿企业负责人和管理人员必须照章指挥，保证安全，并不得因从业人员拒绝违章指挥和强令冒险作业而对其进行打击报复。

1.60 什么是特种作业？在我国哪些属于特种作业?

特种作业，是指容易发生人员伤亡事故，对操作者本人、他人及周围设施的安全有重大危害的作业。直接从事特种作业的人员就是特种作业人员。

根据国家有关部门的规定，特种作业包括：① 电工作业；② 金属焊接切割作业；③ 起重机械（含电梯）作业；④ 企业内机动车辆驾驶；⑤ 登高架设作业；⑥ 锅炉作业（含水质化验)；⑦ 压力容器操作；⑧ 制冷作业；⑨ 爆破作业；⑩ 矿山通风作业（含瓦斯检验)；⑪ 矿山排水作业（含尾矿坝作业)；

1.61 法律法规对煤矿特种作业人员上岗有什么特殊要求?

通常我们将煤矿瓦斯检查工、井下爆破工、安全检查工、主提升机操作工、井下电钳工、采煤机司机等称为煤矿特种作业人员。我国法律法规规定特种作业人员必须按国家有关规定培训合格，取得操作资格证书，才能上岗作业。

1.62　新进矿的工人需经过怎样的培训，才能上岗？

我国法律法规规定，煤矿井下作业人员上岗前安全生产教育和培训的时间不得少于72学时，考试合格后，必须在有安全工作经验的职工带领下工作满4个月后经考核合格，方可独立工作。每年接受安全生产教育和培训的时间不得少于20学时。

1.63　违反安全生产法律法规，职工应承担什么样的法律责任？

煤矿企业应该依照法律法规的规定制定本单位的安全生产操作规范，违反安全生产操作规范，情节较轻的可能会违反企业的厂规厂纪，情节严重的可能会违反法律，由此承担法律责任。

职工承担的法律责任主要包括行政责任和刑事责任。如《中华人民共和国治安管理处罚法》规定，私藏炸药、雷管等爆炸性危险物质的，处五日以上十五日以下拘留。

职工违反有关安全管理规定，导致严重的人身伤亡事故和其他严重后果的，还应承担重大责任事故罪、危险物品肇事罪等刑事责任。

1.64　严重违章导致生产事故，违章人员会构成犯罪吗？

重大责任事故罪是一种在生产安全事故中常见的刑事犯罪。2006年6月29日，全国人大常委会对《中华人民共和国刑法》(以下简称《刑法》) 第一百三十四条的重大责任事故罪进行了修订。规定：“在生产、作业中违反有关安全管理的规定，因而发生重大伤亡事故或者造成其他严重后果的，处三年以下有期徒刑或者拘役；情节特别恶劣的，处三年以上七年以下有期徒刑。强令他人违章冒险作业，因而发生重大伤亡事故或者造成其他严重后果的，处五年以下有期徒刑或者拘役；情节特别恶劣的，处五年以上有期徒刑。”由此可以看出，企业职工和管理者严重违章或者强令他人违章冒险作业，导致重大伤亡事故或者造成其他严重后果的，都会构成重大责任事故罪和强令违章

冒险作业罪。对职工的违章违规操作，最高可判7年有期徒刑；对强令他人违章冒险作业的情况，最高可判15年有期徒刑。

1.65 在爆炸物品的储存、运输、使用中，违章操作造成严重后果的，会构成犯罪吗?

危险物品肇事罪是指违反爆炸性、易燃性、放射性、毒害性、腐蚀性物品的管理规定，在生产、储存、运输、使用中发生重大事故，造成严重后果的行为。对该罪的处罚，《刑法》第一百三十六条规定，违反爆炸性、易燃性、放射性、毒害性、腐蚀性物品的管理规定，在生产、储存、运输、使用中发生重大事故，造成严重后果的，处3年以下有期徒刑或者拘役；后果特别严重的，处3年以上7年以下有期徒刑。

在煤矿企业，在爆炸物品的储存、运输、使用中，违章操作造成严重后果的行为就会被处以危险物品肇事罪。

1.66 非法储存、买卖炸药、雷管是违法犯罪行为吗?

《刑法》第一百二十五条规定:“非法制造、买卖、运输、邮寄、储存枪支、弹药、爆炸物的，处三年以上十年以下有期徒刑；情节严重的，处十年以上有期徒刑、无期徒刑或者死刑。”在一些煤矿职工中，存在的非法截留作业中剩余的炸药、雷管，储存、买卖炸药、雷管的行为都是违法的，如果情节严重，就会构成犯罪。

1.67 盗窃、故意损坏井下设施设备和企业其他设施设备的，会构成犯罪吗?

任何人盗窃企业的财产，情节严重的都会构成盗窃罪。

任何人故意毁坏机器设备或者以其他方法破坏生产经营，情节严重的都会构成破坏生产经营罪，承担刑事责任。

第三节 煤矿农民工的职业道德与矿规矿纪

职业道德是所有从业人员在职业活动中应该遵循的行为准则。随着现代社会分工的发展和专业化程度的增强，整个社会对从业人员职业观念、职业态度、职业技能、职业纪律和职业作风的要求越来越高。全社会应大力倡导以爱岗敬业、诚实守信、遵章守纪、奉献社会为主要内容的职业道德。

1.68 煤矿工人应具备什么样的职业道德?

在煤炭行业，煤矿工人除应具备职业道德的一般要求外，由于行业的特殊要求，煤矿工人还应具备安全作业、团结协作、勇于自救互救的职业道德。

1.69 为什么要将“安全作业”作为煤矿工人的职业道德?

煤矿井下作业环境充满了危险，作业人员必须严格按照操作规程进行作业，只有坚持安全作业，才能保护作业人员自身的安全，保护作业现场其他人员的生命安全。这不仅是法律法规规定的义务，更应是每一位在危险环境作业的矿工最起码的职业道德，应该成为每一位煤矿工人的自觉行动。

1.70 为什么要将“团结协作”作为煤矿工人的职业道德?

煤矿井下作业是以班组为单位开展的，在危险的作业环境中，任何一个工人的不安全行为，都会殃及其他作业人员和其他班组，导致严重后果。因此，煤矿工人的团结协作精神对保证生产活动的正常开展，避免生产事故的发生以及事故发生后的互助互救都十分重要。

1.71 为什么要将“勇于自救互救”作为煤矿工人的职业道德?

煤矿井下作业环境充满了危险，要求煤矿工人必须掌握自救、互救的知识，在危急情况下一方面要勇于自救互救，另一方面还要善于自救互救。虽然法律规定了在危急情况下，每一位工人都享有避险权，但是我们也提倡在危急关头不仅要自救，还要互相救助的职业道德，这是对煤矿职工的更高的要求。

1.72 煤矿企业可以随意制定矿规矿纪吗?

煤矿企业有权行使对企业的管理权，制定矿规矿纪。但是煤矿企业在制定矿规矿纪时，必须遵守国家的法律法规和劳动政策。如果矿纪矿规违反法律法规和相关政策，并由此侵犯了职工的人身权利和财产利益，不仅企业要承担法律责任，矿规矿纪也是无效的。

1.73 煤矿企业是否可以对农民工进行经济处罚?

按照我国《企业职工奖惩条例》的规定，对严重违反煤矿劳动纪律，违章操作、违章指挥以及其他严重违反矿规矿纪的职工，煤矿企业有权对其进行矿规矿纪的处分和经济处罚。同时，国家法律法规也规定，对违纪职工进行经济处罚时，一般不要超过本人月工资的百分之二十。

1.74 煤矿农民工严重违反劳动纪律，给企业造成经济损失的，企业有权要求职工赔偿经济损失吗?

按照我国《企业职工奖惩条例》的规定，对于严重违反劳动纪律，给企业造成经济损失的，企业有权责令其赔偿经济损失。赔偿经济损失的金额，由企业根据具体情况确定，从职工本人的工资中扣除，但每月扣除的金额一般不要超过本人月标准工资的百分之二十。

第二章 煤矿生产基本知识

根据煤层的埋藏特征和开采特点，矿山开采可分为露天开采和井工开采两大类。我国井工开采产量占到总产量的95%左右。对于从事煤矿井下生产的农民工，为了煤矿的发展和个人安危，掌握煤矿开采的基本知识是非常必要的。本章主要介绍煤矿井⊥开采的基本知识。

第一节　煤矿生产基本条件

在煤矿开采设计、生产和安全管理中，煤矿开采的自然条件（煤层赋存条件和状况、地质构造及特征、水文地质、灾害因素）、开采的技术条件（生产系统及其相关要素）是煤矿安全、高效生产的根本依据。作为农民工，只有熟悉煤矿的自然条件和开采技术条件，才能在井下作业中做到知彼知己，确保安全、高效地完成工作。

2.1　煤是怎样形成的？煤的形成经历哪几个阶段？

煤是古代植物遗体的堆积层埋在地下后，在细菌参与的生物化学作用下，植物遗体开始腐烂分解，保留下来的部分变成泥炭层，此过程称为泥炭化阶段。随着时间推移，在压力和温度的作用下，泥炭层逐渐失去水分而变得致密，这时泥炭就变成了褐煤。褐煤在地下深处受到高温和高压的作用，含碳物质进一步富集，氧和水分的含量进一步减少，密度增大，颜色变深，硬度增加，逐渐变成了煤。煤的这种变质过程称为煤化阶段。

2.2 按照煤层厚度，煤层如何分类?

我国按照煤层厚度不同主要将其划分为三类：薄煤层（层厚小于 1.3 米）、中厚煤层（层厚 1.3～3.5 米）、厚煤层（层厚大于 3.5 米）。也有把小于 0.8 米的煤层称为极薄煤层，大于 10 米的煤层称为特厚煤层。

在我国的煤炭资源中，厚煤层和中厚煤层所占的比重较大，当前以开采这两类煤层为主。这两类煤层的合计产量约占全国煤炭总产量的 85% 以上。

2.3 按照煤层倾角，煤层如何分类?

煤层倾角变化于 0°～90°，倾角越大，开采难度越大。我国按煤层倾角大小把煤层分为三类：缓倾斜煤层（倾角小于 25°）、倾斜煤层（倾角在 25°～45°）、急倾斜煤层（倾角大于 45°）。

由于倾角小于 10°～12° 的煤层具有不同的开采技术特征，所以常把这类煤层称为近水平煤层。而把倾角大于 35° 的煤层称为大倾角煤层。

2.4 按照煤层结构，煤层如何分类?

根据煤层中是否有夹矸情况，分为复杂结构煤层和简单煤层。

2.5 煤层的稳定性如何分类?

按煤层厚度、结构在井田范围内的变化情况，通常可分为稳定、较稳定、不稳定和极不稳定煤层四类。

2.6 什么是煤层的顶板、底板?

煤系中位于煤层上下一定距离内的岩层，按照沉积的次序，在正常情况下，位于煤层之下、先于煤生成的岩层是底板，位于煤层之上、在煤层之后形成的岩层叫顶板。

2.7 什么是地质构造?

由于受到地壳运动的影响，使岩层的形态发生了变化，甚至产生裂缝和错动，使岩层失去完整性和连续性。这些由地壳运动造成的岩层的空间形态的遗迹，称为地质构造。

2.8 什么叫单斜构造?

由于地壳运动的影响，在地壳表层中的一定范围内，煤层或岩层大致向一个方向倾斜，这样的构造形态称为单斜构造。

2.9 什么叫断裂构造?

岩层受力后遭到破坏，形成断裂，失去了连续性和完整性的构造形态叫断裂构造。

2.10 什么叫裂隙？裂隙对煤矿安全生产有何影响?

裂隙是断裂面两侧岩层（岩石）没有发生明显位移的断裂构造。

若干有规则组合的裂隙将岩石分割成一定几何形状的岩块，这种裂隙的总体称为节理。

裂隙对生产安全的影响因素有裂隙的方向、密度和大小等，表现在割裂了岩层的完整性；削弱了岩体强度；使岩石成为孤块，易冒顶；裂隙是瓦斯、水的有利通道；在破煤方式、支护形式和布置设计中应考虑裂隙的影响。

2.11 什么叫正断层？什么叫逆断层？断层构造对煤矿安全生产有何影响？

断层是断裂面两侧的岩层产生明显位移的构造变动。断层部位岩层的完整性和连续性遭到了破坏，是一种常见的重要地质构造现象。

正断层：上盘相对下降，下盘相对上升，两盘在垂直及水平面上的投影呈分开状态的断层。断层面倾角一般大于45°，如图2.1（a）所示。

逆断层：上盘相对上升，下盘相对下降，两盘在垂直及水平面上的投影呈重叠状态的断层，如图2.1（b）所示。

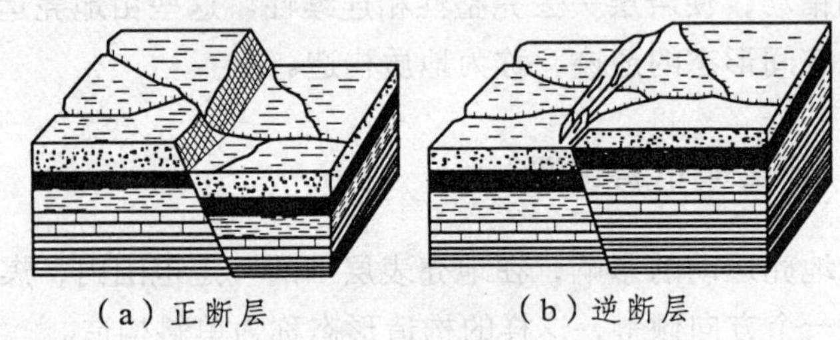

（a）正断层　　（b）逆断层

图2.1　正断层和逆断层

断层对开采的影响主要跟其性质、断距、方向等因素有关，表现为：断层附近破碎带围岩不稳定，易瓦斯积聚；断层使煤炭缺失或重叠加厚；断层易成为瓦斯、水的通道等。

2.12 采掘工程平面图及其作用是什么？

煤矿企业开掘有许多井巷、硐室。标注有这些采掘工程的测点标高的平面投影图即为采掘工程平面图。其作用是：① 反映矿井采掘部署和生产系统；② 反映矿井的巷道系统和相互关系；③ 进行储量、产量、进尺等计算。

2.13 生产矿井必须及时填绘的图纸有哪些？

根据矿井生产实际情况，必须及时填绘下列主要的图纸：① 矿井地质和水文地质图；② 井上、井下对照图；③ 采掘工程平面图；④ 通风系统图；⑤ 供电系统图；⑥ 安全监测装备布置图；⑦ 井下避灾路线图；⑧ 其他图纸。

2.14　矿井井下主要及辅助生产系统包括哪些?

矿井井下主要及辅助生产系统包括：① 矿井采掘系统；② 矿井通风系统；③ 矿井运输提升系统；④ 矿井供电系统；⑤ 矿井排水系统；⑥ 瓦斯监测监控系统；⑦ 瓦斯抽放系统；⑧ 其他系统。

第二节　矿井采掘基本知识

采煤、掘进系统是煤矿企业主要生产系统，掘进为采煤系统开掘了一系列的巷道，而采煤工作是煤矿生产活动的中心。采掘工作面人员集中，场所变动频繁，有害物质和危险因素时刻威胁着安全。煤矿的重大事故绝大多数发生在采掘作业地点和采掘过程中。因此，了解采掘基本知识，对于农民工在生产作业过程中预防各种灾害、减少人为失误、确保采掘安全有着极为重要的意义。

2.15　按照矿井设计生产能力，我国煤矿如何分类?

矿井生产能力指矿井的设计生产能力，即矿井的设计年产量，又称井型。我国将井型划分为大、中、小型三类 ，每种类型中又分为若干等级。现阶段我国的井型系列为：

大型矿井：120、150、180、240、300、400 万吨/年及以上。

中型矿井：45、60、90 万吨/年。

小型矿井：9、15、21、30 万吨/年。

2.16　按照空间特征，矿井巷道如何分类?

根据井巷的空间形态，可以分为水平巷道、垂直巷道和倾斜巷道。

2.17 按照使用功能，矿井巷道如何分类?

根据使用功能可以分为：主井、井底车场、运输大巷、运输上山、运输平巷、副井、风井、回风大巷、轨道上山、通风上山，等等。

2.18 按照服务范围，矿井巷道如何分类?

根据巷道的服务范围，巷道可以分为：

(1) 开拓巷道，为一个阶段或整个井田服务的巷道。如主、副井，井底车场，运输大巷，风井，回风大巷等。

(2) 准备巷道，为一个采区服务的巷道。如采区上山、采区车场、集中平巷等。

(3) 回采巷道，为一个工作面服务的巷道。如采煤工作面平巷、开切眼等。

2.19 什么叫阶段? 什么叫水平?

在井田范围内，沿煤层倾斜方向按一定标高将井田划分成若干长条，每一个长条叫1个阶段。阶段大小由阶段走向长和阶段斜长来表示，阶段走向长与该阶段处井田走向长一致。

布置有井底车场和主要运输大巷所在标高的水平面叫开采水平，简称水平，一般用水平面标高表示，也可以表示为第一水平、第二水平等。

一个开采水平可只为一个阶段服务，也可以为该水平上、下两个阶段服务。

一个井田可以用一个开采水平采完，叫单水平开拓；也可用几个开采水平采完，叫多水平开拓。

2.20 什么叫井田开拓方式? 矿井开拓方式分几种?

井田开拓方式主要是指开拓巷道在井田内的布置形式，包括主要井筒形式、水平划分和阶段内划分方式。比如立井多水平上山采区开拓。

一般主要以井筒形式为主要标志，将矿井开拓方式划分为斜井开拓、立井开拓、平硐开拓、综合开拓等。

2.21 井田内开采顺序有哪些?

（1）煤层沿倾斜的开采顺序。由于煤层在地下大多为倾斜赋存，对同一层煤，一般都是由上而下（由浅入深）地逐步开采。这种开采顺序叫煤层的下行开采顺序。反之，称为煤层的上行开采顺序。在开采近水平煤层时，上、下行开采顺序区别不大，均可采用。

一般地，不论是整个井田，还是阶段内、采区内，对同一煤层，都应首先考虑使用下行开采顺序。

（2）煤层沿走向的开采顺序。煤层沿走向的开采顺序有前进式和后退式。在井田范围内，以井筒为基准，由井筒向边界依次推进叫前进式，反之叫后退式，采区布置一般采用前进式。在采区内，工作面由上（下）山向边界推进叫区内前进式，反之叫区内后退式，一般采用区内后退式。

（3）煤层间开采顺序。井田内有多个可采煤层且间距较小时，作为近距离煤层群可以联合开采，煤层（群、组）一般采用先上煤层后下煤层的开采顺序，即下行式开采。

2.22 矿井主要安全出口有哪些要求?

每个生产矿井必须至少有 2 个能行人的通达地面的安全出口，各个出口间的距离不小于 30 米。

2.23 什么叫采煤方法?采煤方法主要有哪些?

采煤方法指在开采单元范围内，直接从回采工作面安全、有效、

经济地开采煤炭，并运出开采单元所采用的方法。它包括采煤系统和采场的回采工艺两大部分内容。

采煤方法是多种多样的，我国一般采用长壁开采体系，工作面长度大于60～80米，按照煤层的埋藏条件和开采技术水平，我国煤矿企业目前采用的采煤方法主要有下列几种：

（1）对缓倾斜及倾斜煤层，对于近水平煤层采用盘区布置或带区布置，走向长壁或倾斜长壁采煤法；煤层倾角大于12°的薄煤层和中厚煤层，一般采用走向长壁采煤法；厚煤层及特厚煤层，一般采用倾斜分层或放顶煤采煤法。

采煤工艺多为爆破采煤、普通机械化采煤和综合机械化采煤。

（2）对急倾斜煤层，主要有：俯伪斜走向长壁水平分段密集采煤法、俯伪斜柔性掩护支架采煤法、特厚煤层水平分层放顶煤采煤法。

2.24　什么叫走向长壁采煤法？什么叫倾斜长壁采煤法？

走向长壁采煤法：采煤工作面巷道沿走向布置，工作面沿倾斜布置，沿走向推进。

倾斜长壁采煤法：采煤工作面巷道沿倾向布置，工作面沿走向布置，沿倾向推进。

2.25　什么叫前进式（后退式）开采？采用前进式开采有何规定？

采区内的区段，采煤工作面从边界向上山方向推进，即为后退式开采，反之为前进式开采；带区内采煤工作面从边界向运输大巷推进，即为后退式开采，反之为前进式开采。前进式开采时，新鲜风流流向与采面推进方向相同，后退式开采时，新鲜风流流向与采面推进方向相反。

下列情况不得采用前进式开采：

（1）高瓦斯矿井或低瓦斯矿井的高瓦斯区域。

（2）煤与瓦斯突出矿井。

（3）易自燃的煤层。

2.26　采煤有哪些主要工序？什么叫回采工艺？

采煤主要工序包括：破煤、装煤、运煤、支护和处理采空区五个工序。

由于煤层的自然条件和开采技术装备不同，完成这些工序的方法也就不同。这种按照一定顺序完成各项工作的方法及其在时间、空间上的配合关系，称为回采工艺。

2.27　回采工艺分为哪几类？

主要有手工采煤、爆破采煤（即炮采）、普通机械化采煤（即机采）和综合机械化采煤（即综采）、水力采煤等。

2.28　我国用于采煤工作面支护的材料有哪些？

采煤工作面的支护材料有木材支护、摩擦式金属支柱、单体液压支柱和金属铰接顶梁、整体自移式液压支架。

摩擦式金属支柱根据其力学性能分为微增阻和急增阻两种。

单体液压支柱根据其注液方式不同分外注式和内注式两种。

整体自移式液压支架根据立柱、顶梁和掩护梁的配合特征分为支撑式，支撑掩护式和掩护式三种。

2.29　什么叫最大（小）控顶距？

控顶距即是采煤工作面支护顶板的宽度。在回柱前达到最大，回柱完成后为最小即为最大和最小控顶距。最小控顶距必须满足“三道”要求：机（炮）道、人行道和材料道，同时还应满足通风、排尘和避灾的要求。

2.30 采空区处理方法有几种?

采空区处理方法有：全部垮落法（俗称大冒落）、充填法（全部或局部充填）、煤柱支撑法（也称刀柱法）和缓慢下沉法。

2.31 采煤工作面作业规程主要包括哪些内容?

采煤工作面作业规程的编制内容有以下几个方面：

（1）概况。包括工作面位置，开采范围（走向长度及倾斜长度），与相邻煤层及已采区的关系，工作面与地面相对位置及建筑物、河流、湖泊、铁路的关系等。

（2）地质情况。根据采煤工作面地质说明书简述以下内容：煤层赋存条件、煤层总厚、各层厚度、煤的硬度、灰分、夹石层厚度、密度；围岩性质及对采煤的影响；地质构造情况，灾害因素，水文地质情况；地质储量及可采储量。

（3）采煤方法及采区巷道布置。

（4）落煤工艺。

（5）顶板控制与支护设计。

（6）采区运输能力及动力供应。

（7）采区通风与排水。

（8）瓦斯监测、监控。

（9）劳动组织、循环作业图表与技术经济指标表。

（10）安全制度。

（11）安全技术措施。

2.32 急倾斜煤层开采有哪些特点?

由于急倾斜煤层倾角大，在开采上具有以下特点：

（1）在矿压显现和顶底板控制方面：采空区矸石下滑，使得采空区上下部位充填不均，矿压显现差异较大，不利于顶板控制；由于倾角较大，顶底板移近量较小，支架阻力小，稳定性差；由于倾角较大，顶底板均有沿倾斜方向向下滑移的趋势，因此在急倾斜采煤工作面，底板控制与顶板控制同样重要。

（2）在采煤方法方面：应用机械化采煤工艺比较困难；落在底板上的煤岩块，会自动向下滑落，从而简化了采场内的装运工作；沿走向留设的煤柱容易片帮塌落，使得在采空区上方布置的煤层平巷维护困难。因此，阶段平巷一般均布置在底板岩石或底板不可采的煤层中，通过采区石门与煤层进行联系。

（3）在开采安全方面：为了防止滑落的煤块冲倒支架，砸伤人员，在技术上必须采取相应的安全措施；必须采取防止人员坠落的措施。

2.33 极薄煤层开采有哪些特点？

（1）采煤工作面空间小，人员操作和行动不便，通风断面小，限制了采煤工作面的长度。

（2）采用机械化开采比较困难，采煤工艺比较落后，效率低。

（3）半煤岩巷道目前尚无综合机械化掘进装备。

（4）由于煤岩分离运输困难，煤层巷道掘进速度慢。

2.34 什么叫巷道掘进？根据掘进工艺不同，巷道掘进方法分哪几种？

在煤岩体中采用一定的破岩、装岩、运岩、支护手段，将部分岩石破碎下来并运出，形成掘进空间，接着对该空间进行支护的工作叫巷道掘进。

根据掘进工艺不同，巷道掘进方法分为手工掘进、机械化掘进和综合机械化掘进（简称综掘）。

2.35 钻爆法掘进的主要工序有哪些？

钻眼、爆破，通风排烟，装岩（煤），掘进岩石（煤）的运输，掘进巷道支护。

2.36 综合机械化掘进工艺是什么?

综合机械化掘进是在掘进工作面采用了综掘机掘进，实现破岩、装岩及运输的机械化。其工艺有：破岩、装岩及运输。

2.37 巷道支护形式有哪些?

巷道支护形式有：架棚支护、砌碹支护、锚喷支护和裸岩巷道。

2.38 什么是锚杆支护?

锚杆支护实质上是把锚杆安装在巷道的围岩中，使层状的、软质的岩体以不同的形态得到加固，形成完整的支护结构，提供一定的支护抗力，共同阻抗其外部围岩的位移和变形。单体锚杆由锚头、杆体和托板组成，其在支护中作用各不相同。

2.39 什么叫伪顶、直接顶和基本顶?

伪顶是指紧贴在煤层之上、极易垮落的薄岩层。厚度一般为0.3～0.5 米，常由炭质页岩、泥质页岩等硬度较低的岩层所组成。伪顶在回采时随着落煤而同时垮落。

直接顶位于伪顶或煤层（无伪顶时）之上，一般由一层或多层厚度不一的泥岩、页岩、粉砂岩等比较容易垮落的岩层所组成，一般能够随回柱放顶在采空区及时垮落。

基本顶（原又叫老顶），一般指位于直接顶之上（有时也直接位于煤层之上）厚而坚硬的岩层。常由砂岩、石灰岩、砂砾岩等岩层所组成，能在采空区维持很大的悬露面积而不随直接顶垮落。

多数煤层同时具有伪顶、直接顶和基本顶，但有的煤层只有直接顶而没有伪顶和基本顶，也有的煤层没有伪顶、直接顶，煤层上面就是基本顶。

2.40 什么叫矿山压力？矿压显现有哪些？

由于井下采掘工作破坏了岩体中原岩应力平衡状态，引起围岩应力重新分布，通常把存在于采掘空间周围岩体内和作用于支护物上或结构上的力称为矿山压力，简称矿压。

在矿压作用下，围岩和支架所表现出来的现象如围岩变形、离层、破坏和冒落；支架受力变形、破坏，煤（岩）突出，充填物或支撑结构变形等，这些现象统称为矿压显现。

2.41 什么是直接顶初次垮落和直接顶初次垮落步距？

采煤工作面自开切眼推进一段距离后，直接顶悬露到一定跨度，此时，就要对采空区顶板进行初次放顶，使直接顶垮落，即为直接顶的初次垮落。初次垮落前直接顶达到的最大跨度即为初次垮落步距。初次垮落步距越大，直接顶岩层稳定性越强。

2.42 基本顶岩层活动有什么规律？

(1) 基本顶初次来压：随着采煤工作面的推进，直接顶不断垮落，基本顶也呈现悬露状态，逐渐弯曲、下沉、破断，直至垮落，此时称为基本顶初次来压。

(2) 基本顶周期来压：基本顶初次来压以后，随着工作面继续推进，将在其自重和上覆岩层载荷作用下，基本顶周期性产生断裂和垮落，使得采煤工作面矿压显现明显加大，这种显现呈现一定的周期性，称为周期来压。两次周期来压间采煤工作面推进距离即为周期来压步距。

(3) 基本顶来压强度取决于基本顶的强度、厚度、结构以及相对于煤层的层位，取决于来压方式。一般来压步距越大，来压越强烈，相对层位越近，来压显现越明显。

(4) 基本顶来压时一般有下列征兆：煤壁内有“闷雷”声响、煤壁掉渣、连续片帮或片帮现象明显加剧；顶板异常情况加大；支柱阻力急剧加大（摩擦支柱突然下缩、单体液压支柱卸载或漏液、信号柱折断等）。

2.43 什么是初撑力？起什么作用？对初撑力有哪些要求？

支架支设时，活柱升起托住顶梁，利用升柱工具使支柱对顶板产生主动的支撑力。反映了支架对顶板的主动力，这个主动力即为初撑力，取决于支护装备和支设质量。

初撑力主要防止顶板早期下沉，防止顶板离层，提高支护系统的早期刚度和整体刚度，提高支柱支护过程中的支护阻力。

初撑力对采场支护极为重要，因此在《规程》中明确规定了对支柱初撑力的要求。

使用摩擦式金属支柱时，必须使用液压升柱器架设，初撑力不得小于 50 千牛；单体液压支柱的初撑力，柱径为 100 毫米的不得小于 90 千牛，柱径 80 毫米的不得小于 60 千牛。对于软岩条件初撑力达不到要求的，在保证安全的条件下，采取措施并由企业技术负责人审批。

2.44 什么是工作阻力？

架设好的支架受顶板压力作用，反映在支架上的力即为阻力。支架能够承受的最大阻力称为最大工作阻力或额定工作阻力。

2.45 采场支架必须满足哪些基本要求？

采煤工作面支架要做到："支得起、护得好、稳得住"。要求支架要有一定的初撑力和足够的工作阻力，使顶底移近量处于可以接受的状态。

支架应有一定的可缩量以便能够适应顶底板一定的移近量。

通过采场支护系统，使顶板的变形和破坏保持在可控状态。

2.46　采煤工作面支护“三度”指的是什么?

采煤工作面支护“三度”是指：支护强度、支护密度和支护刚度。

提高采场整体支护强度，支柱质量符合规定要求，支架接顶好，防止顶板离层、过量下沉、破坏，并且达到切顶和使采空区顶板及时垮落。

保证采场均匀的支护密度，支柱排、柱成直线，背顶严实，支柱规格符合作业规程要求，及时支柱，及时补柱。

提高采场支护系统的刚度，提高支柱的支设质量，根据顶底板条件进行合理的支护设计。

2.47　使用摩擦式金属支柱应注意什么问题?

摩擦式金属支架由摩擦式金属支柱与金属铰接顶梁组合而成。支柱有急增阻式（HZJA）和微增阻式（HAWA）两种。

摩擦式金属支柱的工作阻力主要靠摩擦力，因此为了保证使采煤工作面支柱处于正常的工作状态，必须注意使用的支柱是否失效。摩擦板与活柱及楔组间内部过小的摩擦系数不仅使支柱阻力上不去，有时还会出现退楔现象。因此，活柱表面或楔组间均不得有大量的煤粉、铁锈、灰泥和油垢。

2.48　单体液压支柱支护应注意哪些问题?

液压支柱是典型的恒阻性能支柱。按其注油方式可分为外注式和内注式两种。

使用单体液压支柱，应及时检查支柱的质量，每一根支柱必须经过试压才能下井；加强支柱管理，实行编号管理；加强注液系统管理，提高支柱的初撑力；提高支护系统刚度，发挥支柱的支撑能力。

2.49　按照结构分类，整体自移式液压支架有几种?

整体自移式液压支架是由支柱、底座与顶梁联合为一个整体的结构。它以液压为动力，不仅能实现支设与回撤的自动化，而且使移溜等一系列工序也同时实现了机械化。根据液压支架的结构，液压支架可分为：

（1）支撑式。在结构上没有掩护梁，对顶板的作用是支撑方式。

（2）掩护式。在结构上有掩护梁，支柱通过掩护梁对顶板起支撑作用。

（3）支撑掩护式。具有掩护梁结构，支柱大部分或全部通过顶梁对顶板起支撑作用，也可以有部分支柱通过掩护梁对顶板起支撑作用。

第三节　矿井通风基本知识

煤矿生产过程中会产生和放出大量有害气体，矿井较深时周围岩石温度较高会使气温上升，再加上湿气大、粉尘多而恶化作业环境，威胁井下安全生产，因此必须通风。把地面空气不断送入井下，同时把污风排出井外的过程就是矿井通风。

2.50　矿井通风的基本任务是什么？

矿井通风的基本任务是供给井下充足的新风；排除或冲淡矿井中有害气体和粉尘；调节矿井气候条件（如温度、湿度、风速），创造良好的工作环境；提高矿井的抗灾能力。矿井通风有如人的呼吸，通风路线有如人的呼吸道，必须保持畅通。

2.51　什么是新风？什么是污风？

地面空气进入井下后，由于煤岩中涌出各种气体以及可燃物的氧化，其成分将产生变化。风流在经过采掘工作面等用风地点之前，其成分变化不大，称为新风；风流经过采掘等用风地点后，其成分发生较大变化，称为污风。井下空气与地面空气的成分尽管不同，但其主要成分仍是氧气、氮气。

2.52　什么是缺氧窒息？

人离不开氧气，休息时平均需氧量为 0.25 升/分，行动或劳动时平均需氧量约为 1～3 升/分。在正常的矿井空气中是有足够的氧气供人呼吸的，但在井下由于火灾、瓦斯煤尘爆炸、生产中产生和涌出的气体等会使氧气浓度大量减少。当氧气浓度降到 17% 时，人会呼吸困难、心跳加快；当氧气浓度降到 12% 时，会造成缺氧窒息甚至死亡。

2.53　什么地点容易造成缺氧窒息？

窒息容易发生在通风不良的巷道，火灾或瓦斯煤尘爆炸地点，瓦斯喷出或煤与瓦斯突出等地点。所以，采掘工作面的进风流中氧气浓度不得低于 20%。

2.54　煤矿井下主要有害气体有哪些？其主要来源是什么？

井下空气中常见的有害气体主要有甲烷、二氧化碳、氮气、一氧化碳、二氧化氮、硫化氢、二氧化硫等。甲烷、二氧化碳、氮气可使人缺氧窒息；一氧化碳、二氧化氮、硫化氢、二氧化硫为剧毒气体。有害气体的来源是爆破生成的炮烟、矿物氧化、火灾、瓦斯煤尘爆炸以及柴油机工作产生的废气等。

2.55　一氧化碳中毒的显著特征是什么？其主要来源是什么？

一氧化碳为剧毒气体，浓度为 0.4% 就可以使人致命中毒。一氧化碳中毒的显著特征是嘴唇呈桃红色，面颊有红斑。一氧化碳主要来源是爆破生成的炮烟、火灾、瓦斯煤尘爆炸产生的气体。

2.56　二氧化氮中毒的显著特征是什么？其主要来源是什么？

二氧化氮为红褐色剧毒气体，在危险浓度下吸入可使人浮肿致命，但起初只感觉到呼吸道受刺激、咳嗽，经过6～24小时后才出现中毒征兆，如呼吸困难、手指及头发变黄、吐黄痰、呕吐等。俗称的炮烟熏人，其实就是二氧化氮中毒。二氧化氮主要来源就是爆破生成的炮烟。

2.57　一氧化碳可采用什么仪器来测定？

我国煤矿广泛采用检定管快速测定法来检测一氧化碳，检定管是一支直径4～6毫米、长150毫米左右的密封玻璃管，管内装有易与一氧化碳气体发生反应的药品。使用时将检定管封口打开，通过抽气唧筒或吸气泵，使含有一氧化碳气体的空气通过检定管，其中的一氧化碳气体与药品反应变色，根据变色深浅或长度可确定其浓度，前者叫比色法，后者叫比长法。一氧化碳还可采用DCOY型一氧化碳测定仪等测定。

2.58　井下主要有害气体的防治措施有哪些？

（1）加强通风。供给充足的新风，冲淡井下各类有害气体。

（2）加强检查与监测。监视其动态，及时采取相应措施。

（3）可以采用抽放或局部通风稀释有害气体的方法。

（4）井下通风不良的区域或巷道，要设栅栏，并悬挂“禁止入内”的警标。

（5）风墙（又称密闭）要定期检查维护，保持完好。

（6）对中毒人员应立即移到新风中，及时抢救。

2.59　为什么井下作业地点空气温度不得超过规定值？

空气温度是影响井下作业地点气候条件的主要因素，井下作业地点的空气温度过高或过低时都会使人感到不舒适，影响劳动效率的提高。因此，《规程》规定采掘工作面的气温不得超过 26 °C（摄氏温度），机电硐室的气温不得超过 30 °C。

2.60 为什么要规定井巷中的最高和最低风速?

井巷风速是指风流在单位时间内所流经的距离。风速过低时，人体热量不易散发，人感到闷热不适；风速过高时，易使人感冒，造成粉尘飞扬，对工人健康和安全生产极为不利。因此，不同井巷中的最高和最低风速应符合规定。

2.61 矿井为什么要测风?

在矿井通风管理工作中,需要经常全面了解各工作地点风量是否够用,矿井进风量的分配是否合理,漏风地点在哪里,漏风量多不多,矿井有效风量占的比例高不高。要达到这些目的，就必须要测风。根据规定，矿井必须建立测风制度，并填写测风记录，采掘地点应根据实际需要随时测风，《规程》规定矿井每十天进行一次全面测风。

2.62 为什么矿井必须采用机械通风?

机械通风就是利用通风机旋转的机械能量造成进、回风井口两侧产生压力差，促使空气流动的通风方法。机械通风风量大，风向稳定，容易控制。如果不采用机械通风，矿井风量、风向就不稳定，甚至反向或无风。这样使得矿井通风得不到保证，容易造成井下瓦斯积聚，导致瓦斯事故。而当井下发生火灾时，风流也难以控制。所以矿井必须采用机械通风。

2.63 矿井通风机分几类?

矿井通风机按其服务范围和作用可分为：主要通风机（为整个

矿井、矿井一翼或一个分区服务)、辅助通风机(帮助矿井主要通风机对矿井某分区通风)、局部通风机(对井下局部地点通风);按其构造不同分为离心式通风机和轴流式通风机。

2.64　主要通风机停止运转时,对受停风影响地区的人员怎么办?

因检修、停电或其他原因停止主要通风机运转时,必须制定停风措施。对受停风影响的地区,必须立即停止作业,切断电源和撤出人员。由值班矿长迅速决定全矿是否停产,工作人员是否全部撤出。

2.65　采煤工作面 U 形通风有什么特点?

U 形通风在我国是最基本和使用最为普遍的通风方式,如图 2.2 所示。U 形后退式的优点是简单可靠、漏风小,缺点是上隅角瓦斯容易超限。U 形前进式采空区瓦斯不涌向工作面,而涌向回风平巷,比后退式采空区漏风大,工作面有效风量小,且对防治煤炭自燃不利。

图 2.2　U 形通风方式

2.66　什么是串联通风?串联通风有什么危害?

串联通风是井下用风地点的回风再次进入其他用风地点的通风方式,如图 2.3(a)所示。串联工作面的空气质量得不到保证,有害气体和粉尘浓度会增加;一旦前面工作面发生火灾、瓦斯煤尘爆炸或煤与瓦斯突出事故,会波及后面的工作面,扩大灾害范围。

2.67　什么是并联通风?并联通风有什么优点?

并联通风就是井下各用风地点的回风直接进入采区回风巷或总回风巷的通风方式,如图 2.3(b)所示。并联通风较之串联通风有下列优点：并联总阻力小，耗电省；并联各巷道风流都为新风；若一条巷道发生事故，对其余巷道影响小；并联各巷道的风量可按需调节。所以，并联通风经济、安全、可靠。

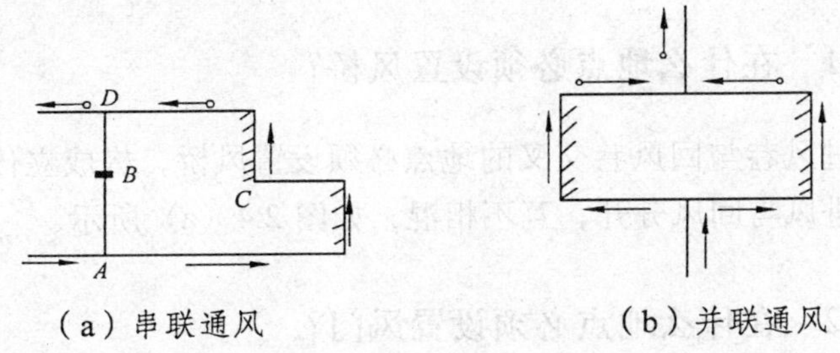

（a）串联通风　　（b）并联通风

图 2.3　串联、并联通风

2.68　对于串联通风有什么规定?

采掘工作面应采用独立通风（并联通风）。《规程》规定当布置独立通风系统有困难时，在制定措施后可以串联，但串联次数不得超过一次。在进入被串联工作面的进风流中必须装设甲烷断电仪，瓦斯和二氧化碳浓度都不得超过 0.5%，其他有害气体浓度都应符合规定。开采有瓦斯喷出或有煤（岩）与瓦斯（二氧化碳）突出危险的煤层时，严禁任何两个工作面之间串联通风。

2.69　矿井为什么必须设通风设施?

由于生产的发展、地区的变更，为了保证风流按拟订的路线流动，必须在某些巷道内构筑相应的通风设施对风流的路线进行控制。通风设施的数量、位置和质量对通风系统的安全性、可靠性、抗灾能力和经济效益起着十分重要的作用。

2.70　矿井有哪些通风设施?

矿井通风设施按用途不同可分为三类：引导风流的设施（风硐、

风桥、反风设施）、隔断风流的设施（防爆门、风墙、风门、防突门）和调节风流的设施（风窗）。按服务期不同可分为临时通风设施和永久通风设施。

2.71　在什么地点必须设置风桥？

在进风巷与回风巷交叉的地点必须设置风桥，构成立体交叉风路，使进风与回风分开，互不相混，如图 2.4（a）所示。

2.72　在什么地点必须设置风门？

在人员和车辆可以通行、风流不能通过的巷道中，必须设置风门。风门至少要建立两道，通车风门间距要大于一列车的长度，行人风门间距不小于 5 米，以便一道风门开启时，另一道风门是关闭的。

2.73　在什么地点必须设置风墙？

不通风、不行人行车的巷道内，必须设置风墙。风墙用来封闭采空区、火区和废弃的旧巷等。

2.74　在什么地点必须设置风窗？

在风量过大的巷道中，必须安设风窗，如图 2.4（b）所示。风窗是在风门上方开一小窗，通过改变窗口的面积，使该巷道的风量降低，同时可增加与之并联的巷道的风量。风窗一般设置在工作面回风侧。

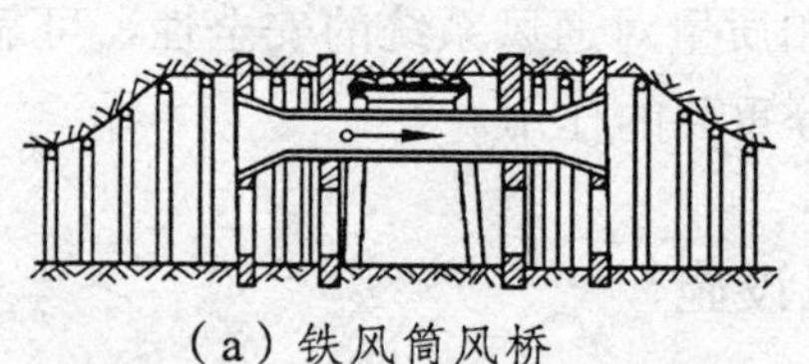

（a）铁风筒风桥　　（b）风窗

图 2.4　风桥与风窗

2.75 漏风有什么危害？什么地点容易漏风？

漏风可使工作面有效风量减少，不仅增加通风机的电能消耗，而且导致用风地点的供风量不足，甚至由此引发瓦斯爆炸、煤炭自燃等灾害。

地面主要通风机附近的井口、防爆门、反风门、风硐容易漏风，井下通风设施、采空区以及碎裂的煤柱容易漏风。

2.76 掘进通风方法有哪些？

为开掘井巷而进行的通风称为掘进通风，亦称局部通风。掘进通风方法分为三类：利用矿井全风压通风、引射器通风和局部通风机通风。

利用矿井全风压通风是利用矿井全风压的一部分能量，借助于各种导风设施，将新鲜风流引入掘进工作面。

引射器是将高压水或压缩空气的部分能量传递给风流，克服风流在风筒和独头巷道中流动的阻力，给掘进工作面供风。

2.77 局部通风机通风方式分几种？

局部通风机通风是我国掘进工作面的主要通风方法。其工作方式有三种：压入式、抽出式和混合式，如图 2.5 所示。

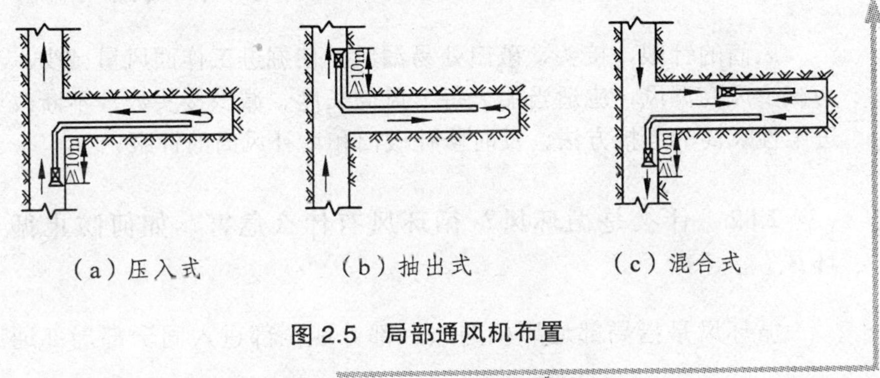

图 2.5 局部通风机布置

2.78 为什么压入式通风是我国煤矿应用最广泛的局部通风方式?

压入式通风是利用局部通风机将新风经风筒压入工作面,而污风则由巷道排出。优点是:① 局部通风机在新风中,安全性好;② 有效射程远,通风效果好;③ 正压通风,可使用柔性风筒。适用于有瓦斯涌出的巷道,故应用特别广泛。

2.79 对风筒有哪些基本要求?

风筒是局部通风的主要导风装置,按制造材料不同可分为刚性风筒和柔性风筒。风筒要满足漏风少,风阻小,使用方便,成本低,安全(阻燃、抗静电)耐用等基本要求。一般使用胶布风筒、人造革风筒,严禁使用塑料风筒、尼龙编织风筒。

2.80 对风筒安装有哪些要求?

风筒须拉紧,避免松弛褶皱;悬吊要平直,靠帮靠顶,悬吊稳妥,避免车刮人碰;避免拐硬弯,可使用短节弯头,也可用铁风筒弯头;当直径不同的风筒相连时,应用过渡节(又叫大小头);风筒口到掘进工作面的距离一般不得超过 5 米。

2.81 风筒什么地点容易漏风?如何减少风筒的漏风?

风筒的针眼、接头、破口处易漏风,使掘进工作面风量减少。为减少风筒漏风,应适当加大每节风筒长度,减少接头数;不断改进柔性风筒的连接方法;及时修补破口和堵补风筒的针眼。

2.82 什么是循环风?循环风有什么危害?如何防止循环风?

循环风是指局部通风机的回风部分或全部进入同一部局部通

风机的进风流中，污风排不走，局部通风机不安全，容易造成掘进工作面瓦斯积聚，如图 2.6 所示。

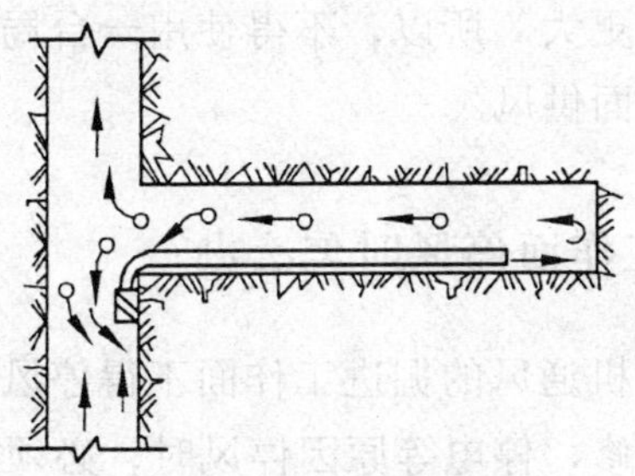

图 2.6　循环风示意图

压入式局部通风机和启动装置必须安装在进风巷道中，距回风口不小于 10 米；局部通风机吸入风量必须小于全风压供给该处的风量，以免发生循环风。

2.83　为什么严禁使用三台或三台以上的局部通风机同时向一个掘进工作面供风?

因为局部通风机是小风机，容易出现故障，再加上供电线路故障，容易造成局部通风机停风。即使只有其中 1 个局部通风机停风，都会造成掘进工作面风量不够，可能引起瓦斯积聚，更何况多台局部通风机管理复杂。所以，严禁使用三台或三台以上的局部通风机同时向一个掘进工作面供风。

2.84　为什么不得使用一台局部通风机同时向两个作业的掘进工作面供风?

使用一台局部通风机同时向两个作业的掘进工作面供风时，可能由于局部通风机偏小，风量不大，造成两个作业的掘进工作面风量都不够；也可能局部通风机吸风量虽然满足要求，但两个掘进工作面的风筒长短不一样，造成一个掘进工作面风量偏小，另一个掘

进工作面风量富裕。即使两个作业的掘进工作面风量都够，一旦局部通风机因故停止运转，两个掘进工作面都停风，受影响区域更广，发生事故的可能性更大。所以，不得使用一台局部通风机同时向两个作业的掘进工作面供风。

2.85　掘进工作面停风时怎么办?

使用局部通风机通风的掘进工作面不得停风，即使是交接班时也不得停风；因检修、停电等原因停风时，必须撤人、断电。

2.86　掘进工作面停风后，工人可以随意开动局部通风机恢复正常通风吗?

局部通风机因故停止运转，在恢复通风前，必须首先检查瓦斯。《规程》规定如果停风区中最高瓦斯浓度不超过 1.0% 和最高二氧化碳浓度不超过 1.5%,且局部通风机及开关附近 10 米内瓦斯不超过 0.5% 时，可人工开动局部通风机，恢复正常通风；如果停风区内瓦斯浓度超过 1.0% 或二氧化碳浓度超过 1.5%，最高瓦斯和二氧化碳浓度不超过 3.0% 时，必须采取安全措施，控制风流排放瓦斯；如果停风区内瓦斯浓度或二氧化碳浓度超过 3.0% 时，必须制订安全排瓦斯措施，报矿技术负责人批准。严禁在停风或瓦斯超限的区域内作业。

2.87　什么是扩散通风？为什么掘进巷道不得采用扩散通风?

扩散通风是利用空气中分子的自然扩散运动，对局部地点进行通风的方式。深度不超过 6 米、入口宽度不小于 1.5 米而无瓦斯涌出的硐室，可采用扩散通风。

掘进巷道采用扩散通风，会使工作面处于微风或无风状态，容易造成瓦斯积聚。

第四节　煤矿机电基本知识

煤矿机械、电气设备和设施是煤矿生产的基础。井工开采的煤矿机电设备主要包括提升设备、通风设备、压气设备、排水设备、采掘设备、支护设备、运输设备、供电及电气设备、安全监测监控及瓦斯抽放设备。

2.88　矿井提升设备的作用是什么?

矿井提升设备是联系地面和井下的“咽喉”，其任务是沿井筒提升煤炭和矸石，升降人员、物料和设备，它是矿井生产系统中重要的机电设备之一。

2.89　提升设备由哪几部分组成?

煤矿提升设备由提升容器（包括罐笼、箕斗、矿车和人车）、提升钢丝绳、天轮、井架、装载设备、卸载设备和提升机（绞车）组成。

2.90　立井提升系统是如何工作的?

立井普通罐笼提升系统如图 2.7 所示。其中一个罐笼 5 位于井底车场水平，另一个罐笼 5 位于井口出车平台。提升钢丝绳 2 一端与罐笼相连，另一端绕过天轮 3，缠绕并固定在滚筒 1 上，当电动机带动提升机滚筒旋转时，井下的罐笼上升，井上的罐笼下降，使罐笼在井筒中沿罐道作上下往复运行，进行提升工作。

2.91　斜井提升系统是如何工作的?

图 2.8 为目前使用较多的斜井串车提升系统简图。斜井串车提升用矿车做提升容器，钢丝绳的一端与若干个矿车组成的串车组连

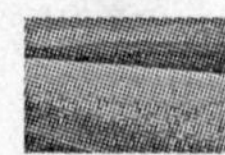

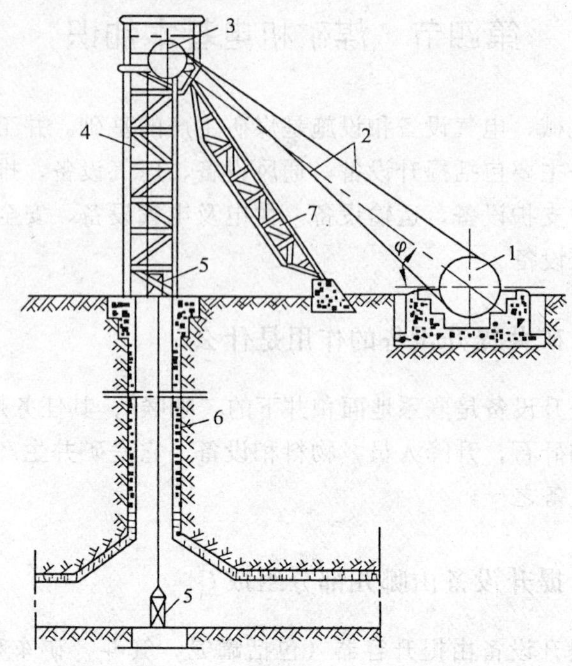

图 2.7　立井普通罐笼提升系统

1—提升机滚筒；2—钢丝绳；3—天轮；4—井架；5—罐笼；6—井筒；7—井架斜撑

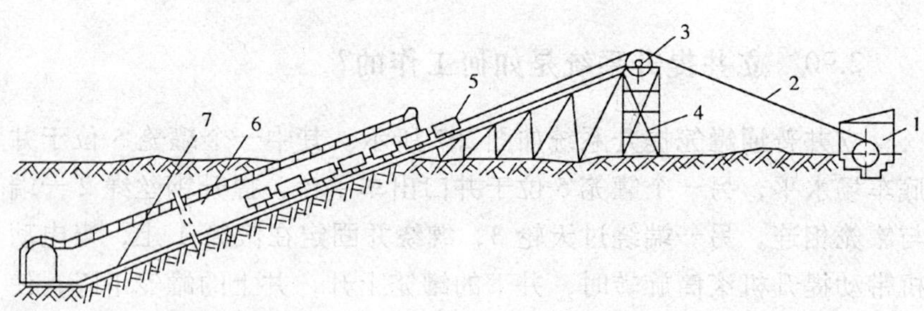

图 2.8　斜井串车提升系统

1—提升机卷筒；2—钢丝绳；3—天轮；4—井架；5—矿车；6—矿井；7—轨道

接，另一端绕过天轮缠绕并固定在提升机的滚筒上，滚筒旋转带动串车组在井筒中往复运动，进行提升工作。

串车提升有单钩和双钩之分。按车场形式的不同，又分甩车场和平车场。单钩串车提升，可用于多水平提升，一般采用甩车场。平车场一般多用于双钩串车提升。

2.92　井口安全门有什么作用?

为防止人员、矿车及其他物品坠落到井下，立井井口、井底和中间运输巷都必须设置安全门。井口安全门与提升信号联锁：安全门未关闭，发不出开车信号；发出开车信号后，安全门打不开；只有罐笼到位并发出停车信号后，安全门才能打开。

2.93　什么叫防过卷装置?

当提升机运行到正常卸载位置未停车并继续向上提升称为过卷。过卷造成的严重后果是损坏天轮、井架，拉断钢丝绳导致提升容器坠落，撞坏井筒设施，甚至造成人员伤亡。使用双滚筒提升机时，一钩发生过卷时，另一钩则过放，过放则造成蹾罐事故。因此，提升机必须装有防止过卷装置。当提升容器超过正常终端停止位置（或出车平台）0.5 米时，必须能自动断电，并能使保险闸（即安全闸）发生制动作用。

2.94　防坠器的作用是什么?

防坠器又称断绳保护器，按规定立井罐笼和斜井人车系统都必须装设。当提升钢丝绳或连接装置断裂时，罐笼断绳保险器能迅速、自动、准确地使立井罐笼平稳地支撑在罐道（或制动绳）上；斜井人车断绳保险器能迅速使斜井人车制动，防止其继续下滑。

2.95　矿井通风设备的作用是什么?

矿井通风设备的作用是不断向井下输送足够的新鲜空气，稀释和排出各种有毒、有害及放射性气体和粉尘，调节矿内气候条件，改善工作环境，保证井下工人的安全健康。

2.96　矿山压气设备由哪几部分组成?

矿山压气设备分为固定式压气设备和移动式压气设备。固定式压气设备由空气压缩机、拖动装置、滤风器、风包、管道及冷却系统等组成，如图2.9所示。空气压缩机由电动机直接拖动或通过皮带拖动。空气进入压缩机前要通过滤风器过滤，以免灰尘、杂质进入气缸，加速气缸磨损。被压缩后的空气进入风包储存起来，然后从风包通过管道送入井下用气地点。冷却系统供空气压缩机冷却之用。

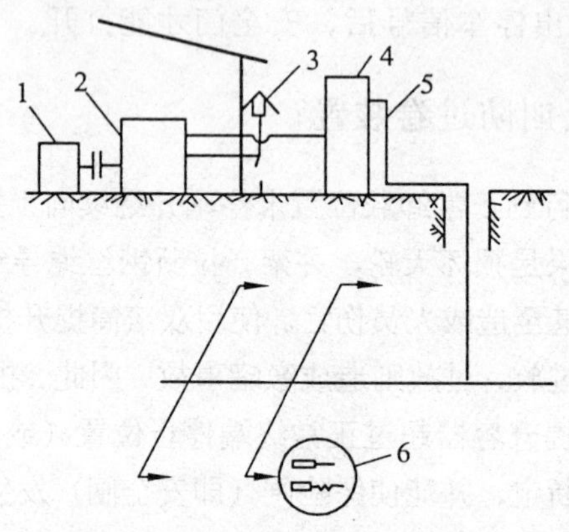

图2.9　矿山压气设备示意图

1—拖动装置；2—空气压缩机；3—滤风器；4—风包；5—管道；6—风动工具

2.97　空气压缩机的作用是什么?

矿井生产中使用的各种风动工具，如风镐、风钻和风动凿岩机等，都是以压缩空气（简称压气）作为动力的，突出矿井的压风自救系统也由空气压缩机供气。矿山压气设备是生产和输送压缩空气的设备，产生压缩空气的机器叫空气压缩机（简称空压机或压风机）。

2.98　排水设备的作用是什么?

矿井生产过程中，大气降水、地表水、含水层水、断层水和老空水等（统称为矿水）会不断地涌入矿井，影响矿井的安全生产，因此需要把矿水及时地排出。有时井下生产也需要水，如水力采煤等，这就需要供水。无论排水和供水，都由排水设备来完成。

2.99 矿井固定排水设备由哪儿部分组成?

矿井固定排水设备主要由水泵 1、电动机 2、吸水管 4、排水管 7 和装在管路以及水泵上的附件、仪表等组成，如图 2.10 所示。

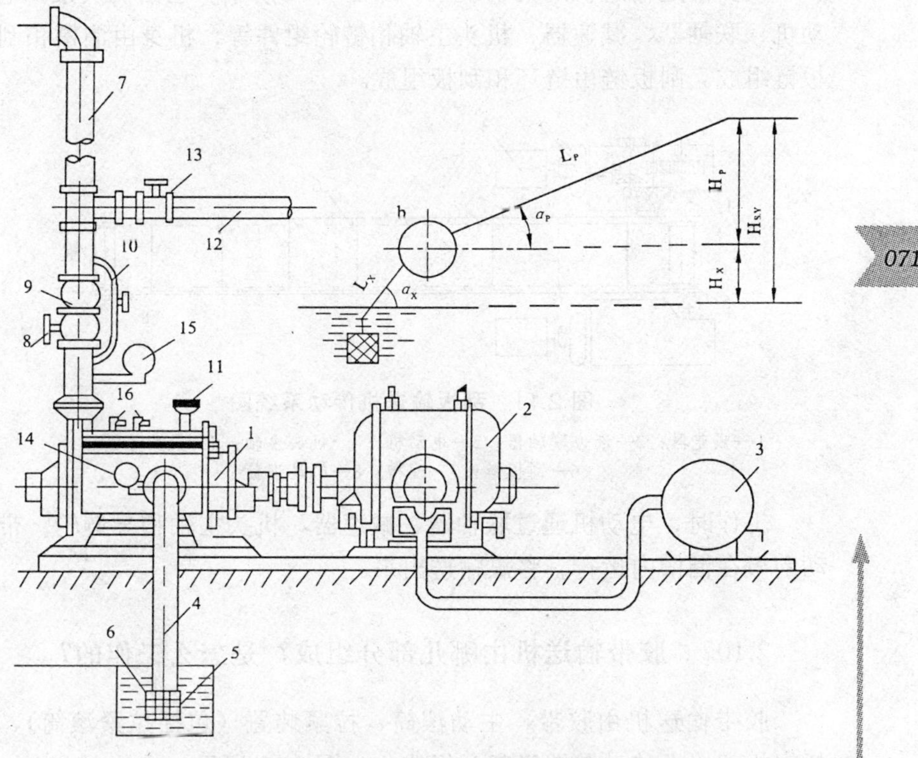

图 2.10 矿井固定排水设备示意图

1—水泵；2—电动机；3—启动设备；4—吸水管；5—滤水器；6—底阀；7—排水管；8—闸板阀；9—逆止阀；10—旁路阀；11—灌水漏斗；12—放水管；13—放水闸阀；14—真空表；15—压力表；16—放气阀

2.100 煤矿有哪些类型的运输设备?

目前煤矿在工作面和运输大巷主要采用的运输设备有：刮板运输机、胶带运输机、电机车、柴油机车和矿车。

2.101 刮板输送机由哪几部分组成？是怎么工作的?

刮板输送机（又称溜子）由机头部、机身、机尾部和辅助设备四部分组成。

机头部是输送机的传动装置，如图 2.11 所示，包括机头架、电动机、联轴器、减速器、机头主轴和链轮组件等；机身由溜槽和刮板链组成。刮板链由链环和刮板组成。

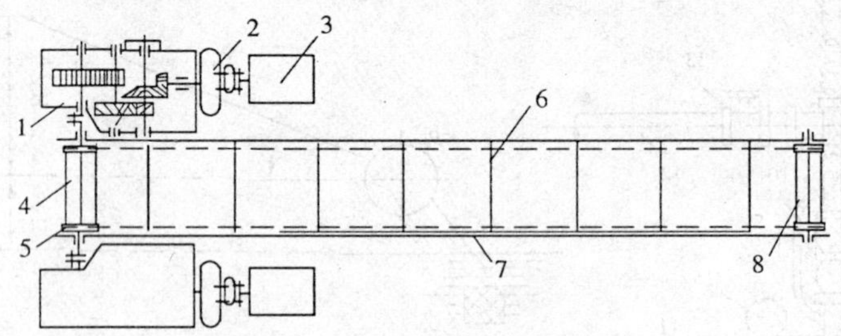

图 2.11 刮板输送机传动系统图

1—减速器；2—液力联轴器；3—电动机；4—机头主轴；5—机头导链轮；6—刮板链；7—溜槽；8—机尾滚筒

工作时，电动机通过联轴器、减速器、机头主轴和导链轮，带动刮板在溜槽内运行，将煤输送出来。

2.102 胶带输送机由哪几部分组成？是怎么工作的?

胶带输送机由胶带、主动滚筒、拉紧装置（包括拉紧滚筒）、托辊机架以及传动装置等部分组成，如图 2.12 所示。

工作时，主动滚筒通过与胶带之间的摩擦力带动胶带运行。煤或其他物品装在胶带上与胶带一起运行，完成输送任务。

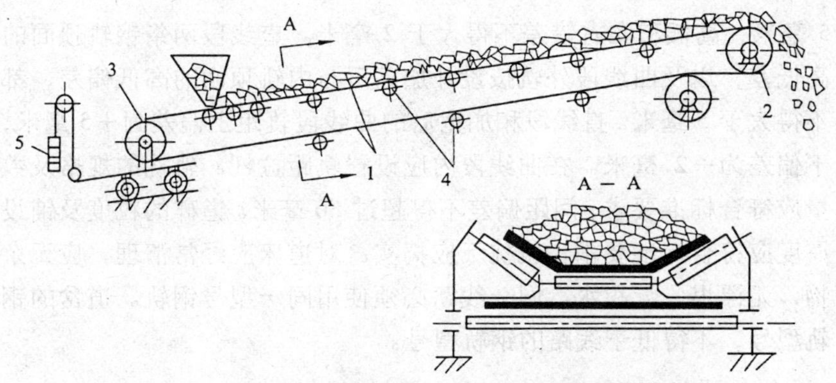

图 2.12　胶带输送机工作原理图

1—胶带；2—主动滚筒；3—机尾换向滚筒；4—托辊；5—拉紧装置

2.103　电机车有哪些类型?

按动力来源的不同，电机车有蓄电池式和架线式两种。此外，还有以柴油为动力的柴油机车。

2.104　蓄电池式和架线式电机车有何不同?

蓄电池电机车由本身自带的蓄电池组供电，不需要在整个线路上都设置供电装置；架线式电机车是通过架设在巷道上方的裸线和轨道作为供电回路。在行驶过程中，在集电器与架线之间常有火花产生，足以引燃一定浓度的瓦斯、煤尘，产生爆炸。煤与瓦斯突出矿井禁止采用架线式机车运输。此外，无论是蓄电池电机车还是架线式电机车，由于机械冲击等原因，在机车和矿车的车轮和轨道之间，都会有火花产生。因此，选用电机车运输，必须遵守《规程》的相关规定。

2.105　轨道的敷设有什么规定?

主要运输巷道轨道的铺设质量应符合下列要求：

扣件必须齐全、牢固并与轨型相符。轨道接头的间隙不得大于

5 毫米，高低和左右错差不得大于 2 毫米。直线段两条钢轨顶面的高低差，以及曲线段外轨按设计加高后与内轨顶面的高低偏差，都不得大于 5 毫米。直线段和加宽后的曲线段轨距上偏差为＋5 毫米，下偏差为－2 毫米。在曲线段内应设置轨距拉杆。轨枕的规格及数量应符合标准要求，间距偏差不得超过 50 毫米。道砟的粒度及铺设厚度应符合标准要求，轨枕下应捣实。对道床应经常清理，应无杂物、无浮煤、无积水。同一线路必须使用同一型号钢轨。道岔的钢轨型号，不得低于线路的钢轨型号。

2.106　采用串车提升的斜井有哪些安全设施?

(1) 跑车防护装置：安装在斜巷内，能够将运行中断绳、脱钩的车辆阻止住。

(2) 阻车器：在上部平车场入口、上部平车场接近变坡点处、各车场装设。防止矿车误入车场或是未挂上钩滑入井内。

(3) 挡车栏：在变坡点下方略大于 1 列车长度的地点装设，防止未连挂的车辆继续往下跑。

(4) 信号装置：各车场安设甩车时能发出警号的信号装置。

上述挡车装置必须经常关闭，放车时方准打开。兼作行驶人车的倾斜井巷，在提升人员时，井巷中的挡车装置和跑车防护装置必须是常开状态，并可靠地锁住。

2.107　掘进设备有哪些类型?

煤矿巷道掘进有两种方法：综掘法和钻爆法。综合掘进法适合于煤及半煤岩巷道掘进，其掘进速度和效率高、劳动强度低、生产安全和技术经济效益好，通常采用掘进机、转载机、胶带输送机等设备；钻爆法主要用于硬岩巷道掘进，是目前我国在煤矿巷道掘进中采用的主要方法，其主要采用的设备是凿岩机、耙斗装岩机、蟹爪式装岩机等。由于耙斗式装岩机工作时易与岩（煤）块碰撞产生火花，因此，禁止在有高瓦斯的掘进巷道中使用钢丝绳牵引的耙斗式装岩机。

2.108 风动凿岩机由哪几部分组成？各有何作用？

我国目前凿岩设备以风动凿岩机为主。图 2.13 为气腿式风动凿岩机外貌。凿岩机由配气、转钎、推进、排粉、润滑和操纵机构等组成。钎子 1 的尾端插在凿岩机机头的钎套内，注油器 3 连在压气管道 5 上，使润滑油混合在压缩空气中呈雾状，带入凿岩机内润滑各运动件。冲洗炮眼用的压力水由水管 4 从凿岩机尾部送入，经插在机器内的水针直至钎子的中心孔。气腿 6 支承凿岩机并给以推进力。

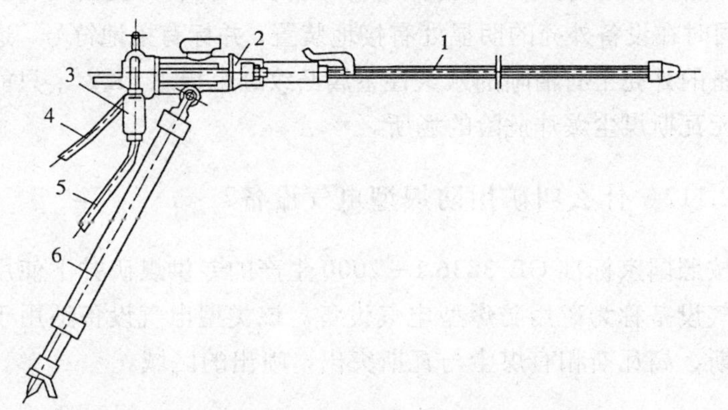

图 2.13 气腿式凿岩机

1—钎子；2—凿岩机；3—注油器；4—水管；5—压气管道；6—气腿

2.109 机械化采煤工作面的设备是如何配套的？

机械化采煤工作面，按其机械化程度来分，可分为普通机械化工作面（简称普采）和综合机械化工作面（简称综采）。普通机械化采煤工作面的设备由单滚筒采煤机与可弯曲刮板输送机、单体液压支柱或摩擦支柱、铰接顶梁配套；综合机械化采煤工作面的设备则是由双滚筒采煤机与可弯曲刮板输送机和整体自移式液压支架配套。除滚筒式采煤机外，还常常采用刨煤机作为机械化采煤工作面落煤设备。

2.110 矿用电气设备如何分类?

煤矿井下使用的电气设备分为矿用一般型电气设备和矿用防爆型电气设备。

2.111 什么叫矿用一般型电气设备?

矿用一般型电气设备是指煤矿井下专用的不防爆的电气设备。这种设备具有坚固的外壳，能够防止任何人员从外部直接接触带电体；有良好的封闭性，能防止水滴垂直滴入，有耐潮性能；有电缆引入装置，并能防止电缆扭转，拔脱和损伤；开关手柄和门盖之间有机械联锁，同时在设备外壳的明显处有接地装置，并标有接地符号。这种电气设备的外壳上有清晰的永久性金属凸纹红色标志“KY”，只能用于井下无瓦斯煤尘爆炸危险的场所。

2.112 什么叫矿用防爆型电气设备?

按照国家标准 GB 3836.1－2000 生产的专供煤矿井下使用的防爆电气设备称为矿用防爆型电气设备。该类型电气设备适用于煤矿低瓦斯、高瓦斯和有煤尘与瓦斯突出、喷出的区域。

2.113 矿用防爆型电气设备有哪些类型？有什么标志?

各类矿用防爆电气设备型式及防爆标志如表 2.1 所示。

表 2.1 防爆电气设备型式及防爆标志

型式名称	标志	型式名称	标志	型式名称	标志
增安型	e	充砂型	Q	隔爆型	d
无火花型	n	本质安全型	I	浇封型	m
正压型	p	气密型	H	充油型	o
特殊型	s				

2.114　矿井主要有哪些供电设备?

矿井供电设备包括变压器、高压开关、低压开关、高低压电缆及各类保护装置。

2.115　对矿井供电的电源有什么要求?

矿井应有两回路电源线路。当任一回路发生故障停止供电时，另一回路应能担负矿井全部负荷。年产 6 万吨以下的矿井采用单回路供电时，必须有备用电源；备用电源的容量必须满足通风、排水、提升等的要求。

矿井的两回路电源线路上都不得分接任何负荷。

2.116　矿用变压器有哪些类型?

变压器分为电力变压器和特种变压器。电力变压器又分为油浸式和干式两种。而矿用油浸式变压器和矿用隔爆干式变压器是为适应煤矿生产对变压器结构提出特殊要求的特种变压器。矿用油浸式变压器是矿用一般型电气设备，它用于低瓦斯矿井或高瓦斯矿井使用架线电机车运输的巷道中及沿该巷道的机电设备硐室内；对负荷量较小的乡镇煤矿，一般安装于地面向井下供电。而矿用隔爆干式变压器适应于有瓦斯爆炸危险环境的矿井。

2.117　矿井高压开关有哪些类型? 有何特点?

高压开关可作为配电开关或控制保护变压器、高压电动机或高压线路。高压开关分为两种，即矿用一般型和隔爆型。矿用一般型适用于低瓦斯矿井，装备在井底车场的变电所内。矿用隔爆型适用于有瓦斯或煤尘爆炸危险矿井的所有采区变电所或井底车场变电所。

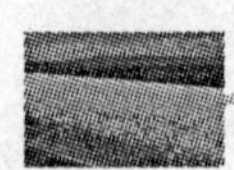

2.118 什么叫矿用低压隔爆馈电开关?

这种开关主要用于井下低压配电线路中，设在变压器出口的一侧，作为 1 140 伏及 660 伏或 380 伏低压电网总配（馈）电开关。开关内有自动保护装置，在线路中出现电流和漏电故障时，能自动跳闸切断故障电源。这种开关适用于有瓦斯、煤尘爆炸危险的矿井。

2.119 矿用电缆有哪些类型?

井下常用电缆分为三大类，即铠装电缆、塑料电缆和矿用橡套软电缆。铠装电缆和塑料电缆主要用于井下干线式供电或向固定、半固定设备供电，矿用橡套软电缆主要用于向移动设备供电。井下必须选用取得煤矿矿用产品安全标志的阻燃电缆。

2.120 井下是否可以使用铝芯及铝包电缆?

铝芯电缆价格低，在地面已广泛使用。但由于铝是活泼金属，高温时极易燃烧，特别是发生短路故障时，其电弧灼烧瓦斯、煤尘，引起燃烧爆炸，所以极不安全。故井下严禁采用铝包电缆，限制使用铝芯电缆；井下低压电缆禁止使用铝芯电缆。

2.121 什么是“鸡爪子”、“羊尾巴”、“明接头”？

“鸡爪子”是指三相接头分别缠以绝缘胶布，没有统包绝缘，犹如鸡的爪子一般。这样做潮气极易侵入，使绝缘电阻降低。“羊尾巴”是指不连接电气设备的末端，三相分别胡乱包以绝缘胶布，再统包绝缘胶布，吊在巷道边上，犹如绵羊的尾巴。“明接头”就更加危险，三相芯线互相搭接后，连绝缘胶布都不包。在井下供电电网中，应坚决消灭“鸡爪子”、“羊尾巴”和“明接头”。

2.122　什么叫电气设备的隔爆?

隔爆，就是当电气设备外壳内部的爆炸性气体发生爆炸时，不会引起外壳周围的爆炸性气体发生爆炸，凡是具有这种隔爆外壳的电气设备就叫隔爆型电气设备。

为了实现隔爆外壳耐爆和隔爆性能，对隔爆外壳的形状、材料、容积、结构等均有特殊的要求。

2.123　井下电气设备失爆的主要原因有哪些?

(1) 由于隔爆结合面严重锈蚀，有较大的机械伤痕，连接螺钉没有压紧而使隔爆面间隙超过规定而造成失爆。

(2) 由于外力作用，如砸、压、挤、碰等原因，使隔爆外壳变形或损坏；隔爆外壳上的盖板、连接嘴、接线盒的连接螺钉折断、螺纹损坏；连接螺钉不齐全，使机械强度达不到规定而失爆。

(3) 连接电缆没有使用合格的密封圈或没有密封圈，不用的电缆接线孔没有使用合格的封堵挡板或没有挡板而失爆。

(4) 接线柱、绝缘套管烧毁，使两个空腔连通，外壳内部爆炸时产生的高压使隔爆外壳失爆。

2.124　什么叫井下电网的三大保护?

煤矿井下电网“三大保护”是指：漏电保护、过流保护和接地保护。这是我国煤矿井下电气设备和线路普遍具备和使用的三种保护类型。

2.125　什么叫漏电保护?

漏电是指井下电气设备或电缆绝缘下降或局部绝缘损坏，使电流经绝缘损坏处流入大地或经过设备外壳流入大地的现象。漏电可能引起人员触电伤亡事故，可能引起电气火灾，可能引起瓦斯、煤

尘爆炸事故。漏电保护是当电网绝缘能力降低或有人触电时，立即动作，切断电源开关，以保证安全。

2.126 什么叫过流保护?

过流是指电路发生短路、过负荷或断相时，流过电气设备或电缆线路的电流值超过它们的额定电流的现象。过流可能造成电缆着火、烧毁电气设备，引起火灾，还可能引起瓦斯爆炸。过流保护是当系统发生过流现象时，依靠过流保护装置迅速动作，切断故障电路，以保证安全。

2.127 什么叫保护接地?

保护接地就是用导线把电气设备正常情况下不带电，但当绝缘损坏时可能带电的金属外壳与埋在地下的接地极连接起来的保护装置。保护接地的作用主要是防止因设备漏电使外壳带电而发生人身触电事故。

2.128 煤电钻综合保护器有什么作用?

煤电钻是煤矿广泛使用的钻孔工具。煤电钻综合保护器向煤电钻提供交流电源，有过载、短路、检漏和远方停送电功能。煤电钻不工作时，负荷电缆不带电。

第三章 井下作业安全知识

我国煤矿生产自然条件复杂，生产环境恶劣，随时可能遭受五大灾害（瓦斯、煤尘、火、水、顶板）的威胁，加上许多老矿井深度大、巷道长、生产环节（采煤、掘进、机电、运输、通风）多、工艺复杂、不安全因素多，从设计到施工、管理，任何一个环节忽略了安全，都可能留下隐患甚至造成伤亡事故。伤亡事故可分为顶板、瓦斯、机电、运输、炸药爆破、水害、火灾、其他共八类。因此，在生产过程中，必须采取各种措施防止事故发生，保证煤矿安全生产。

第一节 瓦 斯 防 治

瓦斯事故是煤矿各类重大和特大事故中占的比重最大、死亡率最高、造成的损失最严重的灾害，也是对煤矿安全生产的主要威胁。瓦斯事故主要包括窒息、燃烧、爆炸（包括煤尘爆炸）、煤与瓦斯突出等，从我国历年瓦斯事故的分析来看，事故次数和死亡人数最多的是瓦斯爆炸，其次是煤与瓦斯突出。瓦斯治理必须坚持“先抽后采、监测监控、以风定产”的方针。

3.1 什么是矿井瓦斯?

矿井瓦斯是指矿井中主要由煤层气构成的以甲烷为主的有害气体的总称，有时单指甲烷。

3.2 矿井瓦斯是怎样生成的?

矿井瓦斯是伴随着煤的形成而生成的一种气体，在形成 1 吨煤的同时，大约生成 1 000 立方米的瓦斯。由于经过很长的地质年代，大部分瓦斯已排放到大气中，只有少部分至今还保存在煤岩中。

3.3 矿井瓦斯有哪些性质?

瓦斯是一种无色、无味的气体，在体积相同时比空气约轻一半，难溶于水，扩散性强，会从高浓度区向低浓度区自动扩散。瓦斯能燃烧、爆炸，瓦斯无毒性，但会使人缺氧窒息。

3.4 矿井瓦斯可以用鼻子闻出来吗?

瓦斯本身是一种无色、无味的气体，用鼻子是闻不出来的。如果煤层涌出的气体中含有芳香烃，就具有苹果似的香味，可作为识别井巷中瓦斯涌出量增大的一个方法，但该方法不可靠，必须用仪器进行检测。

3.5 矿井瓦斯无毒性，但为什么会熏死人?

瓦斯本身虽无毒性，但空气中瓦斯浓度的增高会导致氧气浓度的降低。常说的瓦斯熏死人，是由于缺氧而使人窒息死亡。当空气中瓦斯浓度为 43% 时氧气浓度降到 12%，人会缺氧窒息；当空气中瓦斯浓度为 57% 时氧气浓度降到 9%，人会立即死亡。

3.6 矿井瓦斯是从哪里涌出来的？瓦斯涌出形式有几种？

当煤层采掘时，受采动影响的煤（岩）层以及采落的煤、矸石，会有大量的瓦斯不断涌到采掘空间来。

瓦斯涌出形式有普通涌出和特殊涌出。普通涌出是指瓦斯从煤（岩）层的暴露面上均匀、缓慢地涌出，它范围广、面积大、时间长，是矿井瓦斯涌出的主要形式，在有积水的地方可以听到瓦斯涌出的吱吱响声或可看见水中冒出的气泡。特殊涌出指的是瓦斯喷出、煤与瓦斯突出。

3.7 什么是矿井瓦斯涌出量？

矿井瓦斯涌出量是指在开采过程中，实际涌到采掘空间中的瓦斯量。单位时间内涌入采掘空间的瓦斯量就是矿井绝对瓦斯涌出量，单位是立方米/分。在矿井正常生产条件下，平均生产 1 吨煤所涌出的瓦斯量，就是矿井相对瓦斯涌出量，单位是立方米/吨。

3.8 什么是瓦斯浓度？

瓦斯浓度是指瓦斯在空气中按体积计算占有的百分比，是衡量通风效果好坏的指标。如 100 立方米的空气中有 1 立方米的瓦斯，则瓦斯浓度就是 1%。瓦斯浓度是用矿井瓦斯检测仪器进行检测的。

3.9 为什么要进行矿井瓦斯等级鉴定？

不同矿井在开采时瓦斯涌出量有很大的差异，为保证安全生产，并做到在管理上经济合理，矿井所选用的机电设备、通风要求及有关管理制度等都因瓦斯等级不同而有所不同。因此，根据瓦斯相对涌出量、绝对涌出量及瓦斯涌出形式将矿井分为不同等级，作为矿井设计和生产管理的依据是十分必要的，它是矿井瓦斯管理的前提条件。

3.10 矿井瓦斯等级划分为哪几类?

一个矿井中，只要有一个煤（岩）层发现过瓦斯，该矿井即定为瓦斯矿井，并依照矿井瓦斯等级的工作制度进行管理。矿井瓦斯等级，根据矿井相对瓦斯涌出量、矿井绝对瓦斯涌出量和瓦斯涌出形式划分为:

（1）低瓦斯矿井：矿井相对瓦斯涌出量小于或等于 10 立方米/吨，且矿井绝对瓦斯涌出量小于或等于 40 立方米/分。

（2）高瓦斯矿井：矿井相对瓦斯涌出量大于 10 立方米/吨或矿井绝对瓦斯涌出量大于 40 立方米/分。

（3）煤（岩）与瓦斯（二氧化碳）突出矿井。

3.11 矿井瓦斯燃烧不会造成人员伤亡吗?

一般情况下，当瓦斯浓度低于 5% 时，只能燃烧，火焰呈浅蓝色或淡青色。在瓦斯燃烧地点，空气中的氧气被大量消耗掉，会产生大量的一氧化碳气体，造成人员中毒；还可能引燃其他可燃物，造成火灾。

3.12 矿井瓦斯在什么条件下会爆炸?

矿井瓦斯爆炸必须同时具备下面三个基本条件:

（1）瓦斯浓度在爆炸界限内，一般为 5%～16%，5% 为瓦斯爆炸下限，16% 为瓦斯爆炸上限。

（2）有足够能量的点火源，即引火温度达到 650～750 °C。

（3）混合气体中氧气浓度必须大于 12%。

3.13 瓦斯爆炸界限会受哪些因素影响?

矿井瓦斯爆炸界限不是固定不变的，它受很多因素的影响。

（1）可燃气的混入。由于可燃气本身具有爆炸性，不仅增加了爆炸气体的总浓度，而且会使瓦斯爆炸界限改变。

（2）爆炸性煤尘的混入。由于有爆炸危险的煤尘本身遇到火源会放出可燃性气体，会使瓦斯爆炸下限降低。

（3）混合气体的初温。初始温度在 100 °C 以上时，随着混合气体初温的升高，瓦斯爆炸下限降低，爆炸上限升高。

（4）惰性气体的混入。惰性气体（如氮气）会使氧气含量降低，瓦斯爆炸界限缩小，降低瓦斯爆炸的危险性。

3.14　瓦斯爆炸下限为 5%，为什么却规定采掘工作面回风中瓦斯浓度不得超过 1%?

瓦斯爆炸下限为 5%，却规定采掘工作面回风中瓦斯浓度不得超过 1%，之所以采用 5 倍的安全系数，就是既考虑了井下可燃气、爆炸性煤尘、混合气体初温对瓦斯爆炸界限的影响，同时又考虑了瓦斯检查时的仪器误差、读数误差、时间空间上漏检等因素而制定的。

3.15　引起矿井瓦斯爆炸的火源有哪些?

（1）电火花，如电弧放电、电气火花、静电火花。

（2）违章爆破产生的火焰，如放明炮、裸露爆破、明电爆破。

（3）摩擦撞击火花，如机械撞击、坚硬顶板冒落时的撞击。

（4）明火，如煤炭自燃及形成的火区、井下电焊、吸烟。

3.16　矿井瓦斯爆炸有哪些特点?

（1）产生高温，爆炸瞬间温度可达 2 000 °C 左右。

（2）产生高压，爆炸压力可达爆炸前的 10 倍左右，如果连续爆炸，压力会更大。

（3）产生大量一氧化碳，浓度在 2% 以上。

（4）产生冲击波，会造成人员创伤、冒顶、设备毁坏。

3.17 矿井瓦斯爆炸对井下人员的危害方式有哪些?

瓦斯爆炸对井下人员造成的危害很大，在爆源附近的人员主要是由于爆炸后的高温和冲击波而受害；远离爆源的人员是由于一氧化碳中毒和缺氧窒息而受害。从死亡人员分析，80%～90%以上是一氧化碳中毒，其余是瓦斯爆炸后大量氧气被消耗而缺氧窒息死亡，因此入井人员必须携带自救器。

3.18 矿井瓦斯为什么会连续爆炸?

爆炸冲击波在往外传播的过程中,可以将采空区或其他积存地点的瓦斯冲出，扬起沿途的沉积煤尘，使其达到爆炸浓度。由于爆炸火焰传播速度比冲击波传播速度慢，所以当爆炸火焰传到后，就会引起达到爆炸浓度的瓦斯、煤尘连续爆炸，且爆炸威力一次比一次大。

3.19 为什么在矿井瓦斯爆炸地点会发生二次爆炸?

由于瓦斯爆炸发生后，在爆源附近形成气体稀薄的低压区，因而有利于附近的瓦斯扩散出来，并迅速积聚，又达到爆炸浓度，如果爆源附近的火源尚未熄灭，或有因爆炸而产生的新火源，再加上有足够氧气，就会在原爆炸地点再次发生爆炸。

3.20 在矿井什么地点容易发生瓦斯爆炸?

矿井内任何地点都有可能发生瓦斯爆炸事故，但 90% 以上的瓦斯爆炸事故发生在采掘工作面。

3.21 为什么掘进工作面容易发生瓦斯爆炸?

掘进工作面是瓦斯事故的多发地点。由于局部通风能力不足、风筒漏风、风筒安设不当、供风距离过远、单台局部通风机向多头供风等，往往使掘进工作面风量不足，造成瓦斯积聚；特别是局部通风机停止运转，可能使掘进工作面很快达到瓦斯爆炸界限。再加上违章爆破、电气设备失爆等产生的火花，很容易发生瓦斯爆炸。

3.22　为什么采煤工作面也容易发生瓦斯爆炸?

采煤工作面也是瓦斯事故的多发地点。由于通风系统的不合理、通风路线太长、串联通风、通风设施管理不善、瓦斯涌出量过大等，都容易造成采煤工作面风量不足、上隅角积聚瓦斯，再加上违章爆破、电气设备失爆等产生的火花，很容易发生瓦斯爆炸。

3.23　防止瓦斯爆炸的三道防线是什么?

瓦斯爆炸的三个条件必须同时具备才能发生爆炸，去掉其中任何一个，瓦斯便不会爆炸。防止瓦斯爆炸的三道防线是防止瓦斯积聚、消除引爆火源和限制瓦斯爆炸范围扩大。矿井瓦斯爆炸事故的防治应以预防为主，杜绝日常生产中存在的瓦斯隐患。

3.24　什么是局部瓦斯积聚？为什么局部瓦斯积聚必须及时处理?

局部瓦斯积聚是指采掘工作面及其他巷道内，体积大于 0.5 立方米的空间内积聚的瓦斯浓度达到或超过 2% 的现象。

当瓦斯浓度达到或超过 2% 时，相对于瓦斯爆炸下限（5%），安全系数不到 2.5 倍。另外，0.5 立方米的空间内积聚的瓦斯浓度达到或超过 2% 时，遇火足以燃烧或爆炸。所以，局部地点的瓦斯积聚是造成瓦斯爆炸事故的根源，必须及时处理。

3.25　什么地点容易积聚瓦斯?

在采煤工作面上隅角、顶板冒高处、采空区边界、低风速巷道中的顶板附近、盲巷、废巷、旧巷、距离风筒出风口远的掘进工作

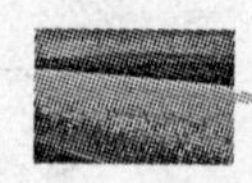

面、煤与瓦斯突出的孔洞内、大直径的钻孔内、老空积水区等地点容易积聚瓦斯。

3.26 如何防止瓦斯积聚?

（1）加强通风管理。实现机械通风、分区通风、按需配风，通风设施安设合理，严禁循环风，临时停工点不得停风等。

（2）加强瓦斯检查。必须建立瓦斯检查制度，瓦斯检查次数要符合规定；瓦斯检查工必须执行瓦斯巡回检查制度，不得空班、漏检、少检、假检；矿长、矿技术负责人必须审阅通风瓦斯日报，及时发现、处理问题。

（3）加强通风安全监控，各类传感器应配置齐全，悬挂正确，功能合乎要求，按《规程》要求定期维护、检查、校正、试验。

（4）及时处理局部积聚的瓦斯。一般是加强通风，将积聚的瓦斯吹散、稀释、排走；若不能用通风的方法处理，就封闭。

（5）抽放瓦斯。若瓦斯涌出量较大，应采取抽放的办法。

3.27 如何用风障法处理采煤工作面上隅角积聚的瓦斯?

可以用竹帘、席子、旧风筒布作风障，使风流通过采煤工作面回风道三角点附近的瓦斯积存处，将瓦斯带走，如图 3.1 所示。风障法安设简单，安全经济。

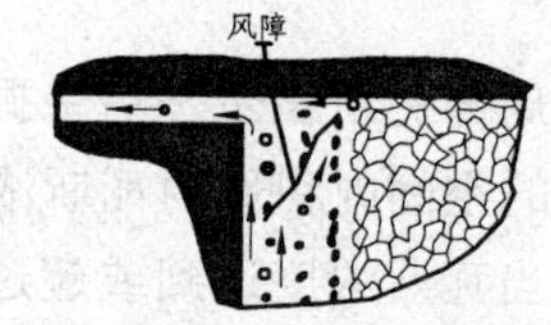

图 3.1 风障引导风流法

3.28 如何处理巷道冒顶处积聚的瓦斯?

可在局部通风机供风的风筒上加“三通”或安设一段小直径的分支风筒，向冒顶空间送风，如图 3.2（a）所示。也可在高顶空间下面的支架横梁上钉导风板，使巷道中的部分风流从冒顶空间中流过，如图 3.2（b）所示。

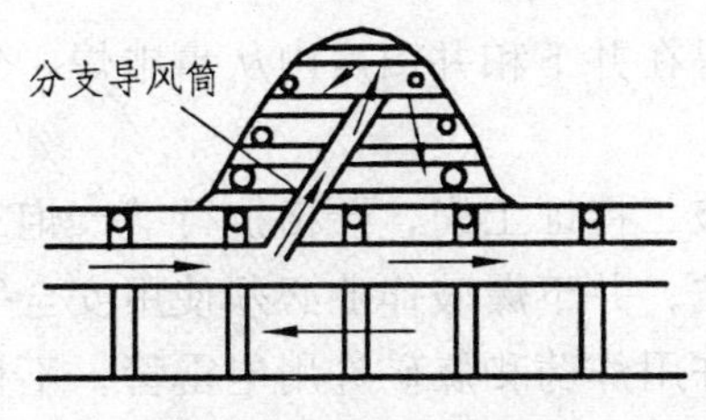

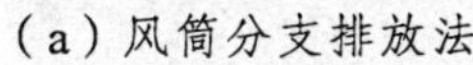

(a) 风筒分支排放法

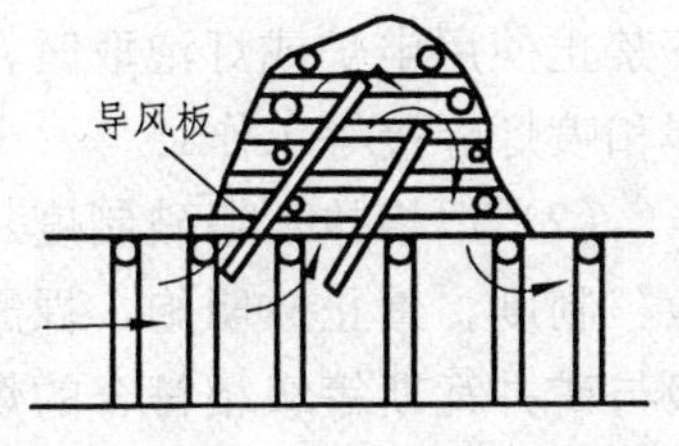

(b) 导风板引导排放法

图 3.2 巷道冒顶处积聚瓦斯的处理

3.29 什么是盲巷？如何加强盲巷的管理？

盲巷是指没有通风、其长度大于 6 米的独头。

(1) 井下应尽量避免出现任何形式的盲巷。

(2) 临时停工的地点不得停风。否则必须断电、撤人，设栅栏，并挂有明显警标，严禁人员入内。

(3) 进入盲巷检查瓦斯时要有安全措施，由外向里检查。

(4) 停工区内瓦斯或二氧化碳浓度达到 3.0% 或其他有害气体浓度超过规定不能立即处理时，必须在 24 小时内封闭完毕。

(5) 在栅栏处、风墙外应检查瓦斯浓度。

3.30 为什么严禁在停风或瓦斯超限的区域内作业？

提供足够的风量是井下作业的必备条件，在停风区域内可能形成致人窒息和中毒的环境，也可能形成瓦斯超限达到爆炸浓度。在这方面多次发生过人身伤亡事故，是有惨痛经验教训的。因此，在停风或瓦斯超限的区域内严禁作业。

3.31 怎样消除引爆火源？

(1) 严格明火管制。井口房、通风机房、瓦斯泵房周围 20 米范围内禁止有明火，严禁携带烟草、点火物品和穿化纤衣服入井，井

下禁止使用电炉或灯泡取暖，不得在井下和井口房内从事电焊、气焊和喷灯焊接等工作。

（2）严格执行爆破制度。爆破工持证上岗，严格执行“一炮三检”制度，禁止放明炮、裸露爆破，井下爆破作业必须使用安全等级与矿井瓦斯等级相符合的煤矿许用炸药和煤矿许用电雷管，不得使用过期或严重变质的炸药。

（3）防止电气火花、静电火花。井下安装、检修电气设备与设施时，必须先检查瓦斯，严禁带电作业。

（4）防止摩擦、撞击产生火花。

3.32 怎样限制瓦斯爆炸范围扩大？

井下一旦发生瓦斯爆炸，应尽量控制事故的扩大，减少损失。因此，防止灾害扩大的措施应集中在灾害发生前的预备措施和灾害发生时的快速反应上，这需要平时做好以下工作：井下各区域实行分区通风，安设防爆门，安设反风装置，安设隔爆设施，下井人员携带自救器，编制灾害预防与处理计划，组织矿井救灾演习。

3.33 什么是瓦斯（二氧化碳）喷出？瓦斯（二氧化碳）喷出有什么危害？

瓦斯（二氧化碳）喷出是指从煤体或岩体裂隙、孔洞或炮眼中大量瓦斯（二氧化碳）异常涌出的现象。在20米巷道范围内，涌出瓦斯（二氧化碳）量大于或等于1.0立方米/分且持续时间在8小时以上时，该采掘区即定为瓦斯（二氧化碳）喷出危险区域。

瓦斯喷出会破坏支架、设备、通风设施，使人窒息，并可能引起瓦斯燃烧、爆炸。

3.34 瓦斯喷出有哪些预兆？出现瓦斯喷出预兆时怎么办？

瓦斯喷出前通常出现围岩活动增加，煤岩变软，发生底鼓，支架断裂，瓦斯忽大忽小，有时还出现嗞嗞响声等。

岩巷掘进遇到煤线或接近地质破坏带时，必须有专职瓦斯检查工经常检查瓦斯，如发现瓦斯大量增加或其他异状时，必须停止掘进，撤出人员，进行处理。

3.35　什么是煤与瓦斯突出？煤与瓦斯突出有什么危害？

煤与瓦斯突出是指在采掘生产过程中，在地应力和瓦斯的共同作用下，破碎的煤、岩和瓦斯由煤体或岩体内突然向采掘空间抛出的异常的动力现象。

煤与瓦斯突出对煤矿安全生产造成极大的威胁，推翻矿车和设备，毁坏支架和设施，使通风系统受到破坏，生产停顿，煤流埋人，人员窒息，甚至引起瓦斯燃烧、爆炸，并可能引发火灾。

3.36　什么地点容易发生煤与瓦斯突出？

巷道（石门揭煤、煤层平巷、上山、下山）掘进时，发生突出比较多，特别是石门揭煤时突出危险性最大。采煤工作面突出比较少。绝大多数突出发生在落煤时，尤其是爆破时。

3.37　煤与瓦斯突出有哪些预兆？出现煤与瓦斯突出预兆时怎么办？

各矿区的突出预兆不完全相同，大致有以下方面：

(1) 地压显现方面：有煤炮声，工作面来压、支架断裂，煤岩开裂、掉渣、底鼓，钻孔变形、垮孔、顶钻、夹钻等。

(2) 瓦斯涌出方面：瓦斯涌出异常，瓦斯浓度忽大忽小，气味异常，打钻时喷煤，喷瓦斯或有哨声、风声、蜂鸣声等。

(3) 煤结构方面：层理紊乱、煤体松软、暗淡无光、煤体粉碎干燥、煤厚异常、软分层厚度增加等。

当发现有突出预兆时，瓦斯检查工有权停止工作面作业，并协助班组长立即组织人员按避灾路线撤出，报告矿调度室。

3.38 综合防治突出措施有哪些？

开采突出煤层时，必须采取突出危险性预测、防治突出措施、防治突出措施的效果检验、安全防护措施等综合防治突出措施。

（1）建立防突机构，配备相应专业人员。

（2）装备矿井安全监控系统和抽放瓦斯系统，设置采区专用回风巷。

（3）突出危险预测。根据指标预测是否有突出危险。

（4）防治突出措施。对突出危险区采取防治措施，如开采保护层、预抽煤层瓦斯、超前钻孔、排放钻孔、松动爆破等。

（5）防治突出措施的效果检验。若指标降到该煤层突出危险临界值以下，则认为防治突出措施有效；反之，认为无效。

（6）安全防护措施。在井巷揭穿突出煤层或在突出煤层中进行采掘作业时，必须采取震动爆破、远距离爆破、避难硐室、反向风门、压风自救系统等安全防护措施。

（7）按规定配备防治突出装备和仪器。

3.39 为什么突出矿井的入井人员必须携带隔离式自救器？

在突出矿井或突出区域的采掘工作面，一旦发生突出事故后，会涌出大量的瓦斯，并迅速向四周扩散，造成空气中氧气浓度过低，引起缺氧窒息；如果引起瓦斯爆炸，还会产生大量的一氧化碳，造成一氧化碳浓度过高（在 2.0% 以上）。隔离式自救器的氧气来自于自救器中产生的氧气或氧气瓶存储的氧气，与井下空气无关。所以，为避免缺氧窒息和中毒，突出矿井的入井人员必须携带隔离式自救器。

3.40　什么是瓦斯抽放？瓦斯抽放的作用是什么？

瓦斯抽放就是利用瓦斯泵和抽放管道造成的负压，将煤层中存在或释放的瓦斯抽出来，输送到地面或其他安全地点。

在一些高瓦斯矿井中，工作面瓦斯严重超限，单纯采用通风的方法难以解决；在突出矿井中，突出的危险严重威胁着工人的生命安全，制约着矿井的正常生产。因此，必须采用抽放的方法来减少开采时的瓦斯涌出量，降低通风费用，同时抽出的瓦斯可作为燃料或工业原料。

3.41　为什么必须进行瓦斯检查与监控？

一方面是为了了解和掌握井下不同地点、不同时间的瓦斯涌出情况，以便进行风量计算、分配和调节，达到安全、经济、合理通风的目的；另一方面为了防止瓦斯事故，就必须及时发现和处理瓦斯积聚等隐患。所以，加强瓦斯检查与监控是煤矿瓦斯治理最积极、最根本的措施之一。

3.42　哪些人员下井必须携带便携式甲烷检测仪？

矿长、矿技术负责人、爆破工、采掘区队长、通风区队长、工程技术人员、班长、流动电钳工下井时，必须携带便携式甲烷检测仪。瓦斯检查工必须携带便携式光学甲烷检测仪。安全监测工必须携带甲烷检测报警仪或便携式光学甲烷检测仪。

3.43　哪些地点必须检查瓦斯？

（1）掘进工作面风流及其进风流、回风流。

（2）采煤工作面进风流、采煤工作面风流及煤帮和上隅角处、采煤工作面回风流、尾巷等点。

（3）矿井总回风或一翼回风、采区回风中。

(4) 采掘爆破地点附近20米范围内、电动机附近20米范围内、局部通风机及开关附近10米内。

(5) 硐室、煤仓、临时停风的掘进巷道、封闭区等。

3.44 为什么必须在巷道的上部检查瓦斯，在巷道的底部检查二氧化碳?

体积相同时，瓦斯比空气约轻一半，易积聚在巷道的上部，因此必须在巷道的上部检查瓦斯。体积相同时，二氧化碳比空气重得多，易积聚在巷道的底部，因此必须在巷道的底部检查二氧化碳。

3.45 《规程》是怎样规定采掘工作面瓦斯检查次数的?

低瓦斯矿井中采掘工作面每班至少检查两次瓦斯；高瓦斯矿井中采掘工作面每班至少检查3次瓦斯；有煤与瓦斯突出的采掘工作面，有瓦斯喷出危险的采掘工作面和瓦斯涌出较大、变化异常的采掘工作面，都必须有专人经常检查瓦斯，并安设甲烷断电仪；本班未进行工作的采掘工作面每班至少检查1次瓦斯。

3.46 《规程》是怎样规定采掘工作面二氧化碳检查次数的?

采掘工作面二氧化碳应每班至少检查两次；有煤与二氧化碳突出危险的采掘工作面，二氧化碳涌出量较大、变化异常的采掘工作面，必须有专人经常检查二氧化碳；本班未进行工作的采掘工作面每班至少检查1次二氧化碳。

3.47 采区回风巷、采掘工作面回风巷风流中瓦斯浓度超过1.0%或二氧化碳浓度超过1.5%时怎么办?

采区回风巷、采掘工作面回风巷风流中瓦斯浓度超过1.0%或二氧化碳浓度超过 1.5% 时，必须停止工作，撤出人员，采取措施，进行处理。

3.48　采掘等作业地点风流中瓦斯浓度达到 1.0% 时怎么办?

采掘工作面及其他作业地点风流中瓦斯浓度达到 1.0% 时，必须停止用电钻打眼。

3.49　爆破地点附近 20 米以内风流中瓦斯浓度达到 1.0% 时怎么办?

爆破地点附近 20 米以内风流中瓦斯浓度达到 1.0% 时，严禁爆破。

3.50　采掘等作业地点风流中的瓦斯浓度达到 1.5% 时怎么办?

采掘工作面及其他作业地点风流中的瓦斯浓度达到 1.5% 时，必须停止工作，切断电源，撤出人员，进行处理。

3.51　电动机或其开关安设地点附近 20 米以内风流中的瓦斯浓度达到 1.5% 时怎么办?

电动机或其开关安设地点附近 20 米以内风流中的瓦斯浓度达到 1.5% 时，必须停止工作，切断电源，撤出人员，进行处理。

3.52　采掘工作面及其他巷道内，体积大于 0.5 立方米的空间内积聚的瓦斯浓度达到 2.0% 时怎么办?

采掘工作面及其他巷道内，体积大于 0.5 立方米的空间内积聚的瓦斯浓度达到 2.0% 时，附近 20 米内必须停止工作，撤出人员，切断电源，进行处理。

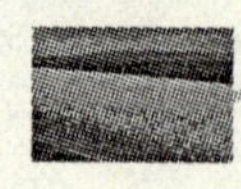

3.53　采掘工作面风流中二氧化碳浓度达到 1.5% 时怎么办?

采掘工作面风流中二氧化碳浓度达到 1.5% 时，必须停止工作，撤出人员，查明原因，制定措施，进行处理。

3.54　停工区内瓦斯或二氧化碳浓度达到 3.0% 不能立即处理时怎么办?

停工区内瓦斯或二氧化碳浓度达到 3.0% 不能立即处理时，必须在 24 小时内封闭完毕。

3.55　什么是矿井安全监控系统？它一般由几部分组成?

矿井安全监控系统是一种全矿或局部范围内的监测监控系统，可对井下各环境参数和各机电设备的工作状态进行检测，用计算机分析处理，并可对设备、局部生产环节或过程进行控制。

矿井监控系统一般由传感器、分站、断电器、电源、主站、主机、打印机、电视墙、管理工作站、服务器、电缆、接线盒等组成。

所有的瓦斯矿井都必须装备矿井安全监控系统。

3.56　甲烷传感器应怎样吊挂才符合要求?

甲烷传感器安装在井下需监测瓦斯的地点，应垂直悬挂在棚梁下 300 毫米处，且距煤（岩）帮不小于 200 毫米。

3.57　采煤工作面的甲烷传感器应设置在什么位置?

采煤工作面必须在距工作面煤壁线不超过 10 米的回风中设置甲烷传感器（见图 3.3 中 S_1）。高瓦斯矿井、突出矿井的采煤工作面，还必须在回风巷中距出风口 10～15 米处设置甲烷传感器（见图 3.3 中 S_2）。若突出矿井采煤工作面的甲烷传感器不能控制其进风巷内全部非本质安全型电气设备，则必须在距工作面煤壁线不超过 10 米的进风巷中设置甲烷传感器（见图 3.3 中 S_3）。

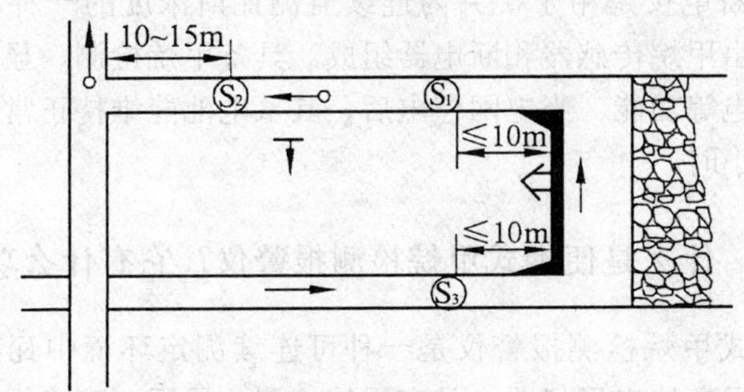

图 3.3 采煤工作面甲烷传感器的设置

3.58 掘进工作面的甲烷传感器应设置在什么位置?

煤巷、半煤岩巷和有瓦斯涌出的岩巷掘进工作面，必须在距工作面煤壁 5 米内设置甲烷传感器（见图 3.4 中 S_1），但不能正对风筒出口。高瓦斯矿井与突出矿井的煤巷、半煤岩巷和有瓦斯涌出的岩巷掘进工作面，还必须在回风巷中距出风口 10～15 米处设置甲烷传感器（见图 3.4 中 S_2），F 为局部通风机。

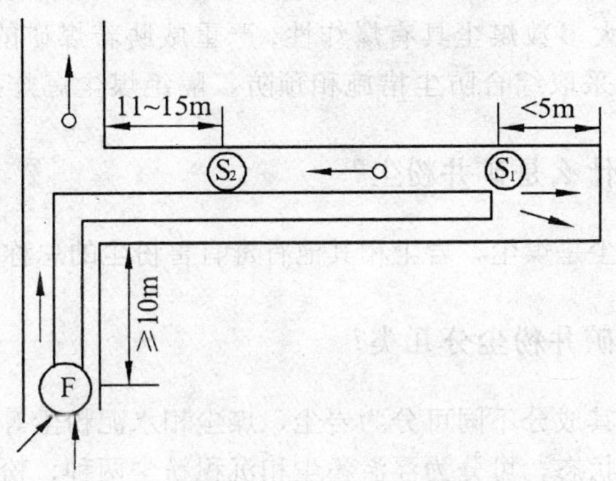

图 3.4 掘进工作面甲烷传感器的设置

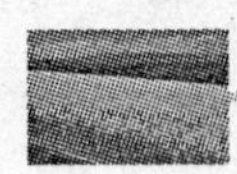

3.59 什么是甲烷断电仪？它有什么功能？

甲烷断电仪是用于矿井内连续监测瓦斯浓度的一种现代化电子仪器，由甲烷传感器和断电器组成。具备甲烷检测、显示、声光报警、断电等功能。当电网停电后，其蓄电池能维持正常工作时间不小于2小时。

3.60 什么是便携式甲烷检测报警仪？它有什么功能？

便携式甲烷检测报警仪是一种可连续测定环境中瓦斯浓度并自动声光报警的电子仪器。具有甲烷检测、显示、声光报警功能，甲烷测量范围一般为0～4%或0～5%。可随身携带，也可以悬挂在工作场所。高瓦斯矿井和突出矿井的采煤工作面的上隅角必须设置便携式甲烷检测报警仪。

第二节 粉 尘 防 治

粉尘是矿井井下任何工作地点和地面井口房、选煤厂都具有的一种有害物质，是煤矿五大灾害之一，它不仅影响人员的身体健康，而且大多数煤尘具有爆炸性，严重威胁着煤矿的安全生产。因此，必须采取综合防尘措施和预防、隔绝煤尘爆炸措施。

3.61 什么是矿井粉尘？

矿井粉尘是煤尘、岩尘和其他有毒有害粉尘的总称。

3.62 矿井粉尘分几类？

粉尘按其成分不同可分为岩尘、煤尘和水泥粉尘等；粉尘依在井下的存在状态，可分为浮游粉尘和沉积粉尘两种；粉尘按其粒度的大小不同，可分为呼吸性粉尘和非呼吸性粉尘。

3.63　矿井粉尘是怎样产生的?

井下粉尘主要是在生产过程中,伴随着煤、岩的破碎而产生的。井下粉尘的产生量，以采掘工作面为最高，其次是运输系统中的各转载点。回采工作面的主要产尘工序有落煤、装煤、支架移架、运输转载、运输机运煤、转载点、人工攉煤及放煤口放煤等；掘进工作面的产尘工序主要有机械破岩（煤）、爆破、装岩（煤）、煤岩运输转载及锚喷等。

3.64　什么是粉尘浓度?

粉尘浓度是指在 1 立方米的矿井空气中含有粉尘的质量，单位为毫克/立方米。如 1 立方米的矿井空气中含有粉尘 10 毫克，则粉尘浓度为 10 毫克/立方米。

3.65　矿井粉尘的主要危害有哪些?

矿井粉尘的危害是多方面的，但其主要危害是引起工人患尘肺病和发生煤尘燃烧、爆炸事故。

3.66　什么是尘肺病？引起尘肺病的因素有哪些?

尘肺病是作业人员长期吸入细微粉尘引起的、以纤维组织增生为主要特征的肺部病变。它是一种严重的矿工职业病，一旦患病，很难治愈。

引起尘肺病的因素包括粉尘成分、粉尘浓度、粉尘大小、接触粉尘的时间、个体因素（如年龄、营养、健康状况）等。

3.67　综合防尘措施有哪些?

综合防尘就是采取降尘、除尘、个体防护等综合措施减少生产

过程中产生粉尘，并消除作业场所已产生的粉尘及对人体的危害。综合防尘措施主要包括：

（1）煤层注水。在工作面进、回风道中，利用钻孔将压力水注入即将回采的煤层中，预先湿润煤体，减少粉尘产生。

（2）湿式打眼。在打眼工作中，将压力水通过凿岩机或煤电钻送入钻孔并充满孔底，以湿润、冲洗和排出产生的粉尘。

（3）水炮泥。是用装水的塑料袋代替或部分代替炮泥充填于炮眼内，爆破时水形成雾滴，湿润粉尘而起到降尘作用。

（4）喷雾洒水。喷雾降尘是将压力水通过特制的喷雾器（又称喷嘴）喷出，形成水雾，湿润浮游粉尘并下沉，同时防止沉积粉尘飞扬。洒水降尘是采用人工洒水、喷雾器洒水或自动洒水装置来湿润粉尘。

（5）风流净化水幕。在巷道四周安装3～5个喷雾器，使整个断面都布满水雾，从而使经过该断面的风流被除尘净化。

（6）除尘器除尘。是指把气流或空气中含有的固体颗粒分离并捕集起来的装置。

（7）通风除尘。是指通过风流的流动将井下作业地点的浮游粉尘稀释与排出，矿井通风排尘是矿井综合防尘的重要一环。

（8）个体防护。主要采用防尘口罩。

3.68 对于产生粉尘的不同地点，应采取什么具体的防尘措施？

（1）掘进井巷和硐室时，必须采取湿式钻眼、冲洗井壁巷帮、水炮泥、爆破喷雾、装岩（煤）洒水和净化风流等综合防尘措施。

（2）采煤工作面应采用煤层注水防尘措施。

（3）炮采工作面应采取湿式打眼，使用水炮泥；爆破前、后应冲洗煤壁，爆破时应喷雾降尘，出煤时洒水。

（4）采煤机必须安装内、外喷雾装置。

（5）采煤工作面回风巷应安设风流净化水幕。

（6）井下煤仓放煤口、溜煤眼放煤口、输送机转载点和卸载点，以及地面筛分厂、破碎车间、带式输送机走廊、转载点等地点，都必须安设喷雾装置或除尘器，作业时进行喷雾降尘或用除尘器除尘。

（7）在煤、岩层中钻孔，应采取湿式钻孔。

3.69 煤尘爆炸必须同时具备哪几个条件？

煤尘发生爆炸必须同时具备三个条件：

（1）煤尘本身具有爆炸性且必须悬浮在空气中，并达到一定浓度（45～2 000 克/立方米）。

（2）有引火源存在，温度一般要达到 700～800 °C。

（3）氧气浓度不低于 18%。

3.70 煤尘爆炸有哪些特点？

（1）产生大量有害气体，如一氧化碳等。

（2）产生大量高温热能。

（3）爆炸冲击波能将沉积煤尘扬起，形成连续爆炸。

（4）挥发分减少或形成"粘焦"（焦炭皮渣或粘块），"粘焦"是判断是否有煤尘参与爆炸的重要标志。

3.71 煤尘爆炸受哪些因素影响？

（1）煤的挥发分含量。煤的挥发分含量是影响煤尘爆炸的最重要因素，煤尘的可燃挥发分含量越高，爆炸性就越强。

（2）煤的灰分和水分。灰分、水分大，能降低煤尘的爆炸性。

（3）煤尘大小。煤尘越小，爆炸威力越大。

（4）瓦斯浓度。瓦斯的存在将使煤尘的爆炸下限降低。

（5）氧气浓度。氧气浓度高时，点燃煤尘的温度降低。

（6）引爆热源。引火源温度越高，越容易点燃煤尘。

3.72 什么是沉积煤尘？与浮游煤尘相比，为什么沉积煤尘对矿井的威胁更大？

井下巷道堆积有厚度超过 2 毫米、连续长度超过 5 米的煤尘，称为沉积煤尘。

减少工作面与巷道中的浮游煤尘和沉积煤尘是防止煤尘爆炸的关键。而沉积煤尘是对矿井的主要威胁，因为正常情况下浮游煤尘浓度不大，难以达到爆炸下限。而在爆炸冲击波、爆破震动和斜井跑车等作用下，1 毫米厚的沉积煤尘飞扬在空气中就可以达到爆炸界限。因此，清除沉积在回风巷道及运输路线上的煤尘十分必要。

3.73 怎样预防和隔绝煤尘爆炸？

（1）防煤尘大量产生和沉积煤尘飞扬。可采用煤层注水、湿式打眼、水炮泥、通风除尘、喷雾洒水、冲洗煤尘等方法。

（2）防煤尘引燃。严禁出现一切非生产火源，严格管理和限制生产中可能出现的火源、热源。

（3）防止灾害扩大。由于煤尘爆炸的突然性、瞬时性，难以在爆炸发生时进行救治，因此防止灾害扩大的措施应集中在两个方面，即分区通风和隔爆装置。在开采有煤尘爆炸危险的矿井两翼、相邻采区、相邻煤层和相邻采煤工作面间，煤层掘进巷道与其相连的巷道间，煤仓同与其相连通的巷道间，采用独立通风并有煤尘爆炸危险的其他地点同与其相连通的巷道间，必须用水棚或岩粉棚隔开。

3.74 水棚的作用是什么？

水棚包括水槽棚和水袋棚两种。当瓦斯煤尘爆炸时，冲击波将水棚击碎，水随即飞洒下来，湿润浮游粉尘并下沉，同时防止沉积粉尘飞扬；爆炸火焰到达时，水从燃烧的煤尘中吸热，使火焰熄灭，同时产生的大量水蒸气降低了氧气浓度，可防止煤尘再爆炸。

3.75　岩粉棚的作用是什么?

当瓦斯、煤尘爆炸时，冲击波将岩粉棚的台板震倒，岩粉即弥漫于巷道中，爆炸火焰到达时，岩粉从燃烧的煤尘中吸热，使火焰传播速度下降，直至熄灭，防止煤尘再爆炸。

3.76　用什么仪器测定粉尘浓度？测定次数是怎样规定的?

用测尘仪测定粉尘浓度。粉尘监测有下列规定：

井下作业场所的总粉尘浓度，每月测定两次，采掘工作面的呼吸性粉尘浓度，每 3 个月测定 1 次，其他工作面或作业场所每 6 个月测定 1 次。

总粉尘浓度是指 1 立方米空气中含有的全部粉尘质量；呼吸性粉尘浓度是指能被吸入人体肺泡区的浮游粉尘浓度。

第三节　火 灾 防 治

矿井火灾是煤矿主要灾害之一，它发生的原因是多种多样的，一旦发生会给矿井造成重大的人员伤亡、设备毁坏和资源损失。因此，必须做好防灭火工作。

3.77　什么是矿井火灾?

凡是发生在矿井井下或地面、威胁到井下安全的火灾，称为矿井火灾。

3.78　矿井火灾有什么危害?

(1) 产生大量有毒有害气体。据统计，在矿井火灾事故中的遇难者绝大部分是死于一氧化碳中毒。

(2) 在火源及近邻处产生高温，使火灾范围迅速扩大。

(3) 引起爆炸。矿井火灾不仅放出氢气、甲烷等爆炸气体，而且还可以使沉积煤尘重新飞扬，造成瓦斯、煤尘爆炸事故。

(4) 毁坏设备和煤炭资源。

(5) 造成矿井局部区域甚至全矿性停产。

3.79 按引火的热源不同，矿井火灾分几类?

按引火的热源不同，矿井火灾分成两大类：外因火灾和内因火灾。外因火灾是由于外来热源引起的火灾，内因火灾主要是指煤炭自燃形成的火灾。

3.80 外因火灾的条件是什么?

(1) 可燃物，如坑木、各类机电设备、各种油料、炸药等都具有可燃性，可燃物的存在是火灾发生的基础。

(2) 热源，有一定温度和足够热量的热源才能引起火灾，如瓦斯煤尘爆炸、爆破、机械摩擦、电流短路、吸烟、烧焊等。

(3) 空气，是指含有足量氧气的矿井空气。

以上三个条件，必须同时存在，才能引起矿井火灾。如果缺少任何一个，矿井火灾就不可能发生。

3.81 外因火灾主要发生在哪些地点?

外因火灾可以发生在矿井的任何地点，但多发生在井口楼、井筒、机电硐室、爆炸材料库以及安装有机电设备的地点。

3.82 外因火灾有哪些特点?

外因火灾的特点是发生突然，来势凶猛，如果发现不及时，往往可能酿成恶性事故。据统计，重大恶性火灾事故 90% 以上是由外因火灾所引起的。

3.83 如何预防外因火灾？

（1）严禁明火取暖。井口房和通风机房附近 20 米内，不得有烟火或用火炉取暖。井下严禁使用灯泡取暖和使用电炉。

（2）井下和井口房不得从事电焊、气焊和喷灯焊接等工作。如果必须进行，每次都必须制订安全措施。

（3）严格执行安全爆破制度。

（4）防止电气火花、静电火花。

（5）防止摩擦、撞击火花。

（6）严格控制易燃物品的堆放。

（7）设置消防材料库。井下工作人员必须熟悉灭火器材的使用方法，并熟悉本职工作区域内灭火器材的存放地点。

（8）设置消防水池和消防管路系统。井下消防管路系统应每隔 100 米设置支管和阀门。

（9）设置防火门。进风井口应装设防火铁门，防火铁门必须严密并易于关闭，防止井口附近地面火灾波及井下。暖风道和压入式通风的风硐应至少装设两道防火门。

（10）检查一氧化碳或温度，利用烟雾报警装置及时发现初起火灾。

3.84 井下使用的油类、易燃物质怎么处理？

井下使用的汽油、煤油和变压器油必须装入盖严的铁桶内，由专人押运送至使用地点，剩余的汽油、煤油和变压器油必须运回地面，严禁在井下存放。井下使用的润滑油、棉纱、布头和纸等，必须存放在盖严的铁桶内。用过的棉纱、布头和纸，也必须装入盖严的铁桶内，并由专人定期送到地面处理，不得乱放乱扔。严禁将剩油、废油泼洒在井巷或硐室内。

3.85 煤炭自燃的条件是什么？

煤炭自燃必须同时具备以下三个条件：

(1) 煤炭具有自燃的倾向性。

(2) 有连续的通风供氧条件。

(3) 热量易于积聚。

3.86 煤炭自燃主要发生在哪些地点?

煤炭自燃大多数发生在采空区的四周边缘地带、受压破裂的煤柱、垮塌的煤壁、充满煤粉与碎煤的煤壁裂隙、煤巷局部冒高处以及浮煤堆积的地方。

3.87 煤炭自燃有哪些特点?

煤炭自燃的特点是发生在有限的条件下，有征兆，燃烧缓慢，产生有害气体，不易早期发现，而且火源隐蔽，有些发火地方很难接近，灭火难度大，时间长。

3.88 煤炭自燃有哪些征兆? 出现征兆怎么办?

煤炭自燃的征兆有煤壁出汗，出现煤油味、汽油味、松节油味或焦油味等气味，人头痛、闷热、精神不振、不舒服、有疲劳感觉，水和空气的温度较正常时高，采空区测取的一氧化碳浓度超过矿井实际统计的临界指标，产生烟雾，煤炭出现明火。

当发现有煤炭自燃的征兆时，应及时报告矿调度室。

3.89 如何预防煤炭自燃?

(1) 开采技术措施。如合理的采掘部署、主要巷道布置在不易自燃岩（煤）层中、采煤工作面后退式开采、全部垮落法处理采空区、提高煤炭回采率、预防性灌浆、加快回采速度等。

(2) 通风措施。如选择合适的通风方式、正确设置通风设施、封闭已采区、均压防火、加强通风防火管理等。

（3）掌握煤炭自燃征兆，及时进行煤炭自燃预测预报，把煤炭自燃消灭在初始阶段。

（4）对采掘生产过程中遗留的各种发火隐患，要及时处理，减少自燃的几率。如加强废旧巷道处理，及时充填冒顶地点，及时处理高温地点等。

3.90　矿井灭火方法有哪些?

（1）直接灭火法。火灾初起时，可以采用挖除可燃物、用水灭火、泡沫灭火、沙子岩粉灭火和干粉灭火器灭火。

（2）封闭火区法。在火势发生迅猛、火区范围较大、直接灭火无效时，采取封闭火区的灭火方法最合适、最有效。

（3）联合灭火法。是指以封闭火区为基础，再加其他阻燃、阻爆、阻温、均压防火等措施的灭火方法，既可防止火区内瓦斯爆炸，又能加速灭火。

3.91　可以用水直接扑灭油料火灾或带电的电气设备火灾吗?

不能用水直接扑灭油料火灾。因为在相同体积的条件下，油比水轻，油会浮在水面上，并不能把油与空气隔开，油会继续燃烧下去，直至油燃尽或空气中氧气不够时才熄灭。

也不能用水直接扑灭带电的电气设备火灾。因为水能够导电，当用水直接去扑灭带电的电气设备火灾时，电流能够通过水传到灭火人员身体上，造成触电事故。因此，对于带电的电气设备火灾，必须首先断电，才能用水灭火。

3.92　封闭火区的灭火方法要遵循什么原则?

封闭火区要立足一个“早”字，早下决心，早做好物质准备，同时要遵循“小、少、快”三原则：“小”是封闭范围要尽可能

小；“少”是封闭火区的防火墙最少；“快”是防火墙施工要快。

3.93 防火墙有哪些类型?

（1）临时防火墙。临时阻断火区供风，控制火势发展。传统的临时防火墙是木板涂黄泥。

（2）永久防火墙。长期封闭火区，阻断风流。有木段、料石、砖、混凝土、片石黄泥等多种形式。

（3）耐爆防火墙。是在瓦斯较大的地区封闭火区时，为防火区内发生瓦斯爆炸伤人而构筑的防火墙。一般用砂袋堆砌。

第四节 水灾防治

矿井突然涌水所造成的灾害称为矿井水灾，通常又称为透水、突水。矿井水灾危害极大，一旦发生，损失巨大，是矿井的主要灾害之一。因此，对矿井水灾必须做到预防为主，防治结合。

3.94 矿井涌水必须具有什么条件?

（1）涌水水源。有地面水和地下水。地面水有雨雪、河流、湖泊、池沼、水库和积水洼地等。地下水有地下的含水层水、断层水和采空区积水等。

（2）涌水通道。如井筒、塌陷裂缝、断层、裂隙、溶洞、古井、小窑、钻孔等。

3.95 矿井水灾的主要危害有哪些?

矿井水灾危害极大，一旦发生，淹没矿井，巷道堵塞、坍塌，矿井停产，设备器材毁坏，甚至造成人员伤亡。

3.96 矿井水灾的原因有哪些?

造成水灾的原因是多方面的，归纳起来主要有以下几方面：

(1) 对矿井水文地质、老窑水情况不清，缺乏调查研究。

(2) 未执行探放水制度或探放水措施不当。

(3) 井筒位置选择不合理。

(4) 麻痹大意，忽视安全生产。

3.97 地面水如何防治?

矿井防治水的首要环节就是通过地面防、排水，防止地面水大量流入矿井，同时防止地面水对矿井水的渗透补给。

(1) 防止井口灌水。矿井所有井口标高应在当地历年最高洪水位以上，或在井口附近修筑可靠的泄水沟和防洪堤坝。

(2) 防止地表渗水。河流疏干或改道，修筑护河堤坝，河流铺底，堵塞裂隙、废钻孔等。

(3) 防止地面积水。可以填平、开凿疏水沟或修筑围堤。

(4) 加强雨季前的防汛工作。检查地面防水工程，不得乱堆放矸石、炉灰、垃圾等杂物。

3.98 井下水如何防治?

(1) 做好水文地质和观测工作。

(2) 井下探水。矿井建设和生产都必须坚持“有疑必探、先探后掘”的探放水原则，探水时要有安全措施。

(3) 放水。有计划地将威胁性水源全部或部分地放掉，是消除水患的有效措施之一。

(4) 留设防水煤（岩）柱。

(5) 设置防水闸门或水闸墙。

(6) 注浆堵水。用水泥砂浆等材料，充填涌水裂缝。

(7) 井下排水。为了防止水灾的发生，矿井必须建立有效排水系统，包括水仓、水泵、水管、配电设备。特别要加强雨季的防排水工作。

3.99 在什么地点必须进行探水？

采掘工作面遇到下列情况之一时，必须进行探水：

(1) 接近水淹或可能积水的井巷、老空或相邻煤矿时。

(2) 接近含水层、导水断层、溶洞和导水陷落柱时。

(3) 打开隔离煤柱放水时。

(4) 接近可能与河流、湖泊、水库、蓄水池、水井等相通的断层破碎带时。

(5) 接近有出水可能的钻孔时。

(6) 接近有水的灌浆区时。

(7) 接近其他可能出水地区时。

3.100 在什么地点需要设置防水闸门？

防水闸门设置在发生涌水时需要堵截而平时仍需运输和行人的巷道内。水文地质条件复杂或有突水淹井危险的矿井，必须在井底车场周围设置防水闸门。在有突水危险的地区，只有在其附近设置防水闸门后，方可掘进。

3.101 矿井主要水仓有什么要求？

主要水仓必须有主仓和副仓，当一个水仓清理时，另一个水仓能正常使用。

新建、改扩建矿井或生产矿井的新水平，正常涌水量在 1 000 立方米/小时以下时，主要水仓的有效容量应能容纳 8 小时的正常涌水量。

3.102 矿井水泵有什么要求？

必须有工作、备用和检修的水泵。工作水泵的能力，应能在 20 小时内排出矿井 24 小时的正常涌水量（包括充填水及其他用水）。备用水泵的能力应不小于工作水泵能力的 70%。工作和备用水泵的总能力，应能在 20 小时内排出矿井 24 小时的最大涌水量。检修水泵的能力应不小于工作水泵能力的 25%。

3.103 矿井突水预兆有哪些？有突水预兆时怎么办？

在各类突水事故发生之前，一般均会显示出多种突水预兆。

采掘工作面或其他地点发现有挂红、挂汗、空气变冷、出现雾气、水叫、顶板淋水加大、顶板来压、底板鼓起或产生裂隙出现渗水、水色发浑、有臭味等突水预兆时，必须停止作业，采取措施，立即报告矿调度室，发出警报，撤出所有受水威胁地点的人员。

这些预兆是典型的情况，在实际突水事故过程中，并不一定全部表现出来，所以应细心观察，认真分析、判断。

3.104 矿井发生水灾后井下积水如何排除？

（1）直接排干法。若水量不大或水源有限或与其他水源无通道联系，可增加排水设备、加大排水能力，直接排干。

（2）先堵后排法。当井下涌水特别大，单纯采用排水方法无法恢复时，则可先进行堵水工作，截断水源再进行排水。

第五节 顶板事故防治

在煤矿井下各类事故中，以顶板事故为最多，我国煤矿由于顶板事故造成的人员伤亡，约占各类事故伤亡人数的 40%～50%，技

术、装备落后的地区，顶板事故的伤亡比重更大。顶板事故的发生原因是多方面的，包括地质条件、生产技术条件和管理条件等。

3.105 对采煤工作面安全出口有何要求?

（1）采煤工作面必须保持至少两个通畅的安全出口，一个通到回风巷道，一个通到进风巷道。

（2）所有安全出口与巷道连接处 20 米范围内，必须加强支护，综采工作面范围内巷道高度不低于 1.8 米；其他工作面，不得低于 1.6 米。

（3）安全出口必须专人维护。

3.106 急倾斜煤层开采顶板控制要点是什么?

（1）加强支架倾斜方向整体性。

（2）提高支架稳定性，增加阻止顶板下滑趋势的阻力。

（3）加强底板控制，防止底板滑移、剥离。

（4）注意挡矸，防止窜矸伤人，尽量使采空区矸石均匀充填。

（5）加强煤壁管理，防止片帮。

3.107 采煤工作面顶板破碎，初采时应注意哪些问题?

（1）当开切眼内支架破坏严重时，先打一梁三柱顺山抬棚，根据压力情况可架单抬棚或双抬棚；在局部顶板冒空处加打木垛。

（2）当顶板破碎、煤壁片帮严重时，初采期间不得放大炮，并用 2 米左右的木板作探梁，以确保安全生产。

（3）若是分层开采的顶层，应先铺假顶，而后改变开切眼支架形式。

（4）当工作面以断层作为开采边界时，掘进开切眼后应探明断层的实际位置。若煤柱尺寸偏大，或掘进开切眼位置不准而加大了煤柱，可根据情况将工作面反向推 2～3 排。此时应先在煤柱一侧架双抬棚，以保证安全。

3.108　什么是顶板事故？采煤工作面顶板事故如何分类？

由于顶板发生违背人的意愿的冒落，造成人员伤亡、财产损失或影响生产的事故叫顶板事故。

按一次冒落的顶板范围分为局部冒顶和大面积冒顶两大类。

按照顶板冒落的力源可分为直接顶运动造成的冒顶事故和基本顶运动造成的冒顶事故。

按照顶板垮落的类型可分为推垮型冒顶、压垮型冒顶、漏垮型冒顶和局部岩块坠垮型冒顶。

3.109　采煤工作面局部冒顶的特点是什么？

采煤工作面局部冒顶事故占顶板事故的 70% 左右。

容易发生的部位：机（炮）道、工作面端头、放顶线附近，各占 1/3 左右。

顶板条件：多发生在镶嵌型顶板和破碎顶板条件下；过断层、老巷复杂的顶板条件容易发生冒顶事故。

支护条件：木支柱支护发生冒顶概率最大，未使用顶梁、不及时支护、空顶作业发生冒顶概率较高。

采煤工艺：炮采工作面居多，又以未使用毫秒爆破的工作面事故概率大。

3.110　发生冒顶前有何预兆？识别顶板是否有冒落危险的主要方法有哪些？

发生冒顶前的预兆：

(1) 声响。顶板发生断裂、支柱打滑、煤体或岩层压缩、信号柱折断、支柱折断、顶梁破断等均会发出声响。

（2）掉渣。顶板破断、支柱折断、顶板压力加大等均导致掉渣。

（3）片帮。顶板压力增大，煤体浅部压酥，片帮增多。

（4）离层。顶板冒顶前往往已经发生离层，问顶发现空响。

（5）裂缝。顶板产生裂缝，裂缝延伸、延深，裂缝加宽，裂缝密度加大。

（6）其他。例如瓦斯涌出异常、淋（涌）水异常。

可以采用下列方法识别顶板是否有冒顶危险：

（1）木楔法。在裂缝中打入木楔，每过一定时间检查木楔是否松动，有松动表明裂缝在发展扩大。

（2）敲帮问顶法。用钢钎或手镐轻敲顶板，声音清脆，表明顶板完好，发出浑浊或闷声的表明顶板离层，应把离层顶板岩块剥离。

（3）震动法。一手手持钢钎或手镐轻敲顶板，另一手指尖扶顶，感觉顶板震动，即使没有破裂声响，也表明岩块与上部岩层脱离，已成为危岩。

3.111 采煤工作面上下出口容易发生冒顶的原因是什么？

（1）采动影响和矿压作用。掘进时间长，多次受采动影响；超前支承压力和残余应力叠加作用。

（2）支护条件和支护质量。支护密度大但支护强度小；替棚或长梁前移，造成顶板反复支撑或冒顶。

（3）顶板条件。由于多数工作面上下出口采用爆破做缺口，爆破震动使得顶板松动、破坏，上下出口常常控顶距超宽。

3.112 采煤工作面机（炮）道容易发生冒顶的原因有哪些？

（1）通常具有光滑破裂面或裂隙分割的孤立岩块。在一些煤层的直接顶中因存在多组交叉裂隙而形成某些游离岩块，如俗称“人字劈”、“升斗劈”、“锅底石”、“将军帽”、“驴槽石”等。

(2) 由于第一排支柱的初撑力不够，容易使机道上方直接顶板过早变形破裂，从而导致局部冒顶。

(3) 当采用爆破法采煤时，如果炮眼布置不当或装药量过多，可能在爆破时崩倒支架从而导致局部冒顶。

(4) 当基本顶来压时，煤壁附近直接顶可能破碎，如果煤层本身又因强度低而片帮，从而扩大了无支护空间，也会造成局部冒顶。

(5) 厚煤层分层开采铺网时，网下采煤可能出现破网漏冒。靠煤帮附近局部漏冒导致的死亡事故较多，必须严加防范。

3.113　预防采煤工作面机（炮）道冒顶事故的措施有哪些?

(1) 提高支柱的支设质量，提高支柱的初撑力，以减小机道上方直接顶板的下沉量。

(2) 采用能及时支护悬露顶板并能减小端面距的支架，例如采用错梁直线柱支架、沿工作面铰接顶梁与Π型长钢梁交替配合支架、Π型长钢梁迈步支架，以及铰接顶梁在机道上方配合短顶梁支架。

(3) 炮采时，炮眼布置及装药量应合理，尽量避免崩倒支架。

(4) 尽量使工作面与煤层的主节理方向垂直或斜交，避免煤壁片帮，一旦片帮应超前支护，防止冒顶。

3.114　回柱放顶和放顶线附近的局部冒顶原因是什么?

(1) 回受力大的支柱。当回拆受力较大的柱子时，往往柱子一倒下，顶板随即垮落，如果回柱工人来不及退到安全地点躲避，就可能造成人身事故。这种情况在分段回柱回拆最后一两根支柱时尤其容易发生。

(2) 回柱地点邻近支护受力小。由于倾角大、顶板破碎、回柱影响等原因，邻近支护上方顶板冒空，受回柱影响，顶板垮落范围加大，控顶区内冒顶。

(3) 悬顶附近回柱。采煤工作面顶板有悬顶，悬顶下及附近支柱回柱时，发生冒顶事故。

3.115 如何预防放顶线附近的冒顶事故?

(1) 替柱回柱。如果工作面用的是摩擦式金属支柱，可以在这些柱子的上下各支一根木支柱作为替柱，然后回拆支柱，最后用绞车回木替柱。

(2) 远距离回柱。如用长柄锤退楔、用绞车等。采用单体液压支柱的工作面，工人也可以在有支护的工作空间，用带链条的楔子卸载，用机械手段远距离拉柱，以保证回柱工人的安全。如果工作面用的是木支柱，可以直接用绞车回柱。

3.116 基本顶来压造成压垮型冒顶事故的原因及防治措施是什么?

冒顶原因:

当基本顶始终处于断裂—形成稳定结构—结构破坏—垮落来压的动态之中，采空区冒落矸石对上述过程影响极大。当采空区矸石充填程度不高，极易发生顶板压力异常增大，采场支撑不力时，造成顶板压垮。

防治措施:

(1) 合理设计采场支柱，使支柱具有足够的支撑力和可缩量。

(2) 要选用可缩量较大的支柱，有时要选用具有大流量安全阀的支柱，并加强后排支柱的支撑强度。

(3) 要进行顶板来压的预测预报。

(4) 加强断层的预测预报工作。遇到平行于工作面的断层时，当断层刚露出煤壁，就要加强该段工作面的支护，不得正常回柱，并扩大该段工作面的控顶距；如果工作面用的是金属支柱，还要用木支柱替换金属支柱，待断层进入采空区后再用绞车回柱。

3.117 坚硬（或厚层状难冒落）顶板压垮型冒顶事故的原因及防治措施是什么?

冒顶原因：坚硬（或厚层状难冒落）顶板，在未垮落前，有时已几经断裂，但由于岩层厚度较大，断裂岩块间挤压得很紧，呈悬空状态，在采空区要悬露几千平方米甚至几万平方米以上才垮落。其垮落时间极短，不仅由于自重会产生强大的冲击破坏力，而且更严重的是把已采空空间的空气瞬时挤出，形成巨大的暴风，破坏力极强。

预防措施：

(1) 煤柱支撑法刀柱采煤法。

(2) 软化顶板。超前工作面用钻孔爆破法、高压注水法预先松动或弱化顶板。

(3) 强制放顶。在采空区用循环浅孔及步距式深孔法崩落顶板。在刀柱之间的采空区内用钻孔爆破法强制放顶。

(4) 强力支护。在设计采场支护时，既要比一般条件采用更高的支护强度，更要加强采场后排支护的支撑强度等。

3.118 直接顶导致的压垮型冒顶事故的原因及防治措施是什么?

冒顶原因：由于构造、采动等原因，使采场工作空间上方某部分直接顶与其周围岩体产生断裂，当这部分直接顶整体向下运动时，采场支架的支撑力不足，有可能造成压垮型冒顶事故。

预防措施：

(1) 采场支护强度要能自始至终平衡直接顶或垮落带岩层的重量，底软时必须“穿鞋”，力求以支柱的初撑力就能平衡直接顶或垮落带的岩重，以避免直接顶或垮落带离层。

(2) 厚煤层分层开采时，开采下分层时不要留煤皮，以免增加

支架的载荷，如因条件限制非留煤皮不可，要相应增加支柱的初撑力或支柱密度。

(3) 在构造或采动破坏严重的区域进行工作面收作时，除应缩小控顶距及加强放顶支柱的初撑强度外，应采用绞车远距离回柱。

3.119　推垮型冒顶事故的原因及防治措施是什么?

推垮型冒顶根据推垮运动的方向主要有：沿倾斜方向推垮、朝向煤壁的推垮。

(1) 沿倾斜方向推垮冒顶。

原因：对于煤层倾角较大、复合结构（由下软上硬，软、硬岩层间夹有煤线或薄层软岩层，下部软层的厚度一般为 0.5～3.0 米）的顶板，由于支柱初撑力和整体支护强度不足，软硬岩层间产生离层，顶板裂隙割裂大块岩块成为孤块，由于倾角大，孤块下方产生局部冒顶时，在爆破、回柱等震动下，孤立的大块岩块便产生了推向倾斜方向的推垮冒顶。

容易发生冒顶的地点：开切眼附近、地质破坏带（断层，裂隙等）附近、旧巷（走向的或倾斜的）附近、掘进工作面上下平巷时破坏了复合顶板的地点、局部漏冒区附近、倾角大的地段、顶板淋水地段、煤底或软底地段。

预防措施：① 提高支柱的支设质量，保证支柱的初撑力，防止顶板早期离层、过量下沉和产生断裂；② 加强支护稳定性，选用稳定性好的支架，并采取措施，提高支架的整体性；③ 采用俯伪斜工作面，及时处理冒顶空间，掘进不破坏顶板；④ 进行矿压观测和地质构造预测预报。

(2) 推向煤壁的推垮型冒顶。

原因：当直接顶悬顶较大，回柱时减少了支撑，顶板回旋，产生冒顶；直接顶悬露面积较大，突然转动产生冒顶；也可能由于基本顶来压，以煤壁为支点产生转动破坏，推向煤壁冒顶。

预防措施：① 提高末排支护强度，加强支撑；② 回柱前架设戗柱、戗棚，抵御推向煤壁的作用力；③ 放顶线架设木垛，提高支护系统的稳定性；④ 适当减小控顶距，使用可缩量大的支架。

3.120 断层附近发生冒顶的原因是什么?

断层附近发生冒顶的原因：① 断层附近有破碎带，容易发生漏冒；② 断层附近煤层条件和顶板条件变化大，顶板受裂隙割裂成大块孤块，容易发生推垮型事故；③ 断层使顶板早期断裂，容易发生压垮型事故。

3.121 过断层应采取哪些安全技术措施?

(1) 条件允许时，对于倾斜断层可改变工作面方向，使断层与工作面斜交，以减少工作面每次推进时受断层影响地段的长度，斜交角不能过小。

(2) 断层附近煤层难于铺设输送机，行人或通过采煤机的滚筒时，就要根据顶底板的强度、断层的情况，进行挑顶或卧底。既要安全，又要处理量小，使工作面的底板坡度能平缓变化。

(3) 为了不影响工作面人员的正常工作，断层附近应超前处理。处理断层要打浅眼、少装药、放小炮，断层附近严禁放大炮。

(4) 回采工作面临近断层时应加强支护质量，加密支架，缩小控顶距，并在断层附近加打木垛，用斜撑支好断层面。

(5) 合理确定放顶步距，一次回清断层外侧支架。

(6) 对于厚煤层的倾斜分层开采，可调整分层采高以通过断层。

(7) 综采工作面遇到断层将增加通过的复杂性。在工作面直接通过断层时，可采取调整采高，挑顶卧底，垫矸石或木板，架设木垛及提吊支架等措施。

(8) 工作面过断层时，不仅要加强支护，而且要探明含水以及瓦斯情况，防止突然透水以及煤与瓦斯突出。

3.122 掘进工作面发生顶板事故的原因和预防措施有哪些?

掘进工作面发生冒顶事故的主要原因为支护不及时、支架失效。具体原因如下:

(1) 敲帮问顶制度执行不严，找落浮石危岩不及时、不认真，对隐患性围岩查找不彻底或未采取有效措施。

(2) 掘进工作面迎头没有采用前探梁等临时支护，空顶空帮作业。

(3) 爆破参数、爆破方式不合理，迎头支架稳定性差，爆破崩倒崩歪支架。

(4) 支护方式不当、支架性能不适应围岩变形、支设质量不符合作业规程要求。

(5) 遇断层破碎带或压力集中区域、过老巷等特殊情况时，未采取控制爆破、加强支护等特殊措施。

掘进工作面冒顶事故的预防措施:

(1) 严格敲帮问顶制度，排除隐患危岩。

(2) 掘进工作面迎头采用前探梁等临时支护，严禁空顶空帮作业。

(3) 合理确定爆破参数、爆破顺序，爆破前加强支护。

(4) 巷道支护设计合理，支设质量符合作业规程要求。

(5) 遇断层破碎带或压力集中区域、过老巷等特殊情况时，采取控制爆破、加强支护等特殊措施。

3.123 巷道冒顶或片帮时，常用的处理方法有哪些?

根据巷道冒顶原因、冒落的范围，采用不同的方法进行处理。处理巷道冒顶常用的方法主要有撞楔法、搭凉棚、木垛法、打绕道法和锚喷支护等五种。

3.124　巷道维护时，防治顶板事故的措施有哪些？

（1）巷道变形破坏主要与巷道位置、围岩性质、维护时间长短等有关，并受到支护形式、支承能力、支护密度、支护质量及维护状况等条件的约束与影响。因此，应选择合理的巷道位置，使巷道处于稳定的围岩，避开压力高峰区的环境。

（2）巷道更换支护时，拆除原有支护前，应先加固临时支护，拆除原有支护后，必须及时排除顶帮活矸。在倾斜巷道中，必须有防止矸石、物料滚落和防止支架歪倒的安全措施。

（3）严禁空顶作业。必须采用超前支护或内注式单体液压支柱作为临时支护。必须坚持架一拆一，或先架后回的原则。

（4）巷道维修原则上不许爆破，必要时应制定放小炮的安全技术措施。

（5）巷道维修遇地质构造区、压力集中区或顶板冒落区时，必须制定安全技术措施，并设警示标志。

（6）维修老巷时，必须从有安全出口及支架完好的地点开始，由外向里进行，保持退路畅通，严禁多段同时拆修。在斜巷维修时，严格执行防倒、防滑、防坍塌、防堵的安全技术措施。

第六节　爆破安全知识

随着科学技术和经济的发展，我国采掘机械化程度提高很快，但还有相当多的煤矿仍然以爆破方法为主。由于爆破材料是爆炸危险物品，若管理和使用不当，容易发生伤亡事故。如引起瓦斯、煤尘爆炸事故，引起顶板冒顶事故；由于操作不慎或违反《规程》引起雷管、炸药爆炸或放炮崩人等事故。因此，必须提高井下爆破的安全管理，井下作业人员必须了解爆破安全的基本知识，确保爆破安全。

3.125 爆破说明书主要包括哪些内容?

井下进行爆破作业，必须编制爆破说明书，并且编入采掘工作面作业规程，并根据不同条件及其变化及时修改完善。主要内容包括:

(1) 爆破的采掘工作面或其他地点概况。

(2) 炮眼布置图。标明采煤工作面高度和打眼范围或掘进工作面的巷道断面尺寸，炮眼的位置、个数、深度、角度和炮眼编号，并用正视图、平面图和剖面图表示。

(3) 炮眼说明表必须说明炮眼的名称、深度、角度，使用炸药、雷管的品种、装药量、封泥长度、连线方法和起爆顺序。

(4) 提高爆破效果的措施，确保安全爆破的技术措施。

爆破工必须依照爆破说明书进行爆破作业。

3.126 什么是“一炮三检制”?

“一炮三检制”是加强爆破前瓦斯检查，防止漏检，避免在瓦斯超限的情况下爆破的一项制度。具体是指在瓦斯矿井中，爆破工、班组长、瓦斯检查工在装药前、爆破前、爆破后认真检查爆破地点 20 米范围内风流中的瓦斯。当瓦斯达到 1% 时，不准爆破。

3.127 什么是“三人连锁爆破制”?

“三人连锁爆破制”中三人是指爆破工、班组长和瓦斯检查工。三人连锁爆破制即指在爆破前，爆破工持警戒牌，班组长持瓦斯检查牌，瓦检工持爆破命令牌。爆破工将警戒牌交给班组长，由班组长派人警戒，并检查顶板及支架情况，将瓦斯检查牌交给瓦检工；瓦检工在检查瓦斯、煤尘后，再将爆破命令牌交给爆破工，由爆破工发出爆破信号，进行爆破。爆破后，三牌各归原主，准备下一次爆破。

3.128 对爆炸材料的管理有什么具体要求?

根据规定，每一矿井必须建立爆炸材料领退制度，电雷管编号制度和爆炸材料丢失处理办法。

电雷管（包括清退入库的电雷管）在发给爆破工前，必须用电雷管检测仪逐个作电阻检查。并将脚线扭结成短路，严禁发放电阻不合格的电雷管。

井上下接触爆破材料的人员，应穿棉布或抗静电衣服，严禁穿化纤衣服。每个爆破工的雷管不得互相转借，不许私藏，本班剩余的爆炸材料应全部退回爆炸材料库。如果交给下班使用时，则必须在工作地点进行清查，办理交接手续。工作地点只准储存当班的炸药，炸药和电雷管要分别存放在容器内，储存炸药的容器必须坚固、上锁；存放炸药的地点，尽可能选在进风巷道内，顶板支护良好，离开轨道、水管、电缆、运输机等金属设备 1 米以上；装配引药必须在工作地点的炸药存放处进行；每次爆破后应将所使用的炸药、雷管数量填入三联单内，并经班组长签章证明。火药库要设有库存账目和发放账目，并要有专人记账。爆破工不出示领药证并交付预支单，不能发给炸药。

爆破工领取炸药必须使用专用箱子，否则拒绝发放炸药。爆破工要事先填好预支单，并经主管人员签章，按预支单领取爆炸材料。

爆破工进爆炸材料库时，要将矿灯放在库外。

3.129 炮泥的作用是什么？对炮泥材料有何要求?

炮泥是装药时用来封实炮眼口的，其作用在于增加眼内炸药爆炸时眼口抵抗力，防止炮眼内炸药爆炸时形成的高压气体从眼口喷出来，不但可以防止火焰从炮口喷出引起瓦斯煤尘爆炸实现安全爆破，还可以达到理想的爆破效果。无炮泥、炮泥不足或不实的炮眼严禁爆破。

炮泥材料应采用水炮泥，也可用不燃性、可塑性的松散材料，

如沙子、黏土的混合物等制成。严禁用煤粉、块状材料、纸球或其他可燃性材料作炮眼炮泥。

3.130　采煤工作面在何种情况下不准装药?

（1）未经瓦斯检查或瓦斯超限。

（2）爆破警戒范围内，没有停止与装药无关的工作。

（3）炮眼不合规格或炮眼煤、矸粉未掏尽或炮眼异状、瓦斯涌出、煤岩松散、温度异常、透老空等情况。

（4）空梁空柱或已经达到最大控顶距。

（5）工作面有透水征兆或异常变化。

（6）风量不足。

（7）不准在装药地点做引药。

（8）警戒范围内煤岩粉尘未清除或没有防尘洒水。

（9）在有几个自由面的工作面爆破时，在煤层中最小抵抗线不足（小于 0.5 米），在岩层中最小抵抗线不足（小于 0.3 米）。

（10）炸药失效或炸药安全等级与工作面瓦斯等级不符合。

3.131　采煤工作面在何种情况下不准爆破?

（1）未经瓦斯检查或瓦斯超限。

（2）人员设备、炸药、工具未全部撤到安全地点，固定设备未保护好。

（3）煤尘积聚没有清扫或没有防尘洒水。

（4）水炮泥封泥长度不够或不符合作业规程要求。

（5）未设好警戒、未挂好警戒牌或未发出爆破信号。

（6）发爆器不完好或母线不够长。

（7）工作面空棚空柱、工程质量不合格或发生异常变化时。

（8）风机停转或风量不足。

（9）爆破地点 20 米内，矿车、未清除的煤、矸或其他物体堵塞巷道 1/3 以上。

3.132 井下爆破前后，应如何进行警戒?

爆破前，班组长必须布置专人在警戒线和可能进入爆破地点的所有通路上担任警戒工作。警戒人员必须在安全地点警戒。警戒线处应设置警戒牌、栏杆或拉绳。

爆破前，班组长必须清点人数，确认安全无误后，方可下达命令。爆破工接到命令后，必须发出爆破警报，至少要等5秒，方可爆破。

爆破后，班组长和爆破工必须巡视爆破地点，检查通风、瓦斯、煤尘、顶板、支护以及拒爆、残爆等情况。如有危险，立即处理。

爆破后，只有在炮烟被吹散，警戒人员由布置警戒的班组长亲自撤回后，人员方可进入工作面作业。

3.133 早爆及其原因是什么?

早爆指的是在制作引药、装药、连线的过程中，炸药突然爆炸的现象。也称突然爆。

产生早爆的原因有以下几种:

(1) 杂散电流导入雷管。

(2) 井下交流电源一相接地，雷管脚线或爆破母线又触及另一个接地电源。

(3) 雷管脚线或爆破母线与漏电电缆接触。

(4) 雷管受到煤岩或硬质器材的意外撞击、挤压。

3.134 预防早爆的措施有哪些?

(1) 在有杂散电流的地点装药爆破时，严禁雷管脚线或爆破母线的裸露部分与其他物体接触。

(2) 在有杂散电流的地点装配引药时，应铺上绝缘胶垫，操作人员在胶垫上工作，连线接头要用胶布包好。

（3）存放炸药、雷管和装配引药的地点，以及工作面的顶板要安全可靠，工具要放置妥当，严防煤、岩块或硬质器材意外撞击、挤压炸药和雷管。

（4）加强机电设备管理和电缆维护、检修工作。

（5）尽量采用抗杂散电流的电雷管以及与之配套的高压电容式发爆器。

3.135 炮烟熏人的原因有哪些？

（1）爆破时使用受潮变质炸药，爆破反应不完全，有毒有害气体生成量大。

（2）炮眼封泥不使用水炮泥，或封泥不严、不足。

（3）过量装药或装垫药、盖药，造成炮烟生成量大，有毒有害气体含量高。

（4）通风管理差。风量不足，炮烟不能及时排除。

（5）爆破后，未喷雾洒水，未稀释有毒有害气体。

（6）爆破后，未等烟雾吹散，工作人员顶烟进入工作面。

（7）爆破后，工作人员在回风巷躲炮，炮烟浓度大。

3.136 预防炮烟中毒的措施有哪些？

（1）爆破时，严禁使用受潮变质炸药。

（2）炮眼封泥要使用水炮泥，剩余炮眼部分要用黏土填满，封实。严禁对封泥不严、不足的炮眼进行爆破。

（3）加强装药管理。严禁过量装药或装垫药、盖药。

（4）加强工作面通风管理。减少漏风，对掘进工作面实行长距离通风，加强对局部通风机和风筒的维护和管理。

（5）爆破后，在爆破地点附近20米范围内进行喷雾洒水，稀释有毒有害气体。

（6）爆破后，工作人员不得在回风巷躲炮。

3.137 造成残爆、爆燃的原因有哪些?

残爆是指炮眼里的炸药引爆后，发生爆炸中断而残留一部分不爆药卷的现象。爆燃是炮眼里的药卷未能正常起爆，没有形成爆炸而发生了快速燃烧，或形成爆炸后又衰减成为快速燃烧的现象。

造成残爆或爆燃的原因:

(1) 违反规定采用了盖药和垫药的装药结构。由于盖药和垫药多数不能起爆，垫药一股留在眼底，盖药被抛入煤、岩堆中，或在燃烧中散落在煤、岩堆中。

(2) 装药前炮眼中煤、岩粉未清除或未清除干净，药卷受到隔离，使药卷不能密接，导致传爆中断或衰减成爆燃。

(3) 装药时药卷被捣实，密度增大，传爆稳定性降低。

(4) 炸药质量差，或在炮眼内吸水受潮；电雷管起爆能力不足。

3.138 如何防止残爆、爆燃?

(1) 装药时不得采用带垫药和盖药的装药结构。

(2) 认真清除炮眼中的煤、岩粉碴。

(3) 装引药时不要捣实药卷。

(4) 严格检查雷管、炸药，不使用质量不合格的药卷和起爆能力不足的雷管。

3.139 什么是“裸露爆破”? “裸露爆破”有何危害?

“裸露爆破”是指不打炮眼，将炸药药卷用炮泥糊或采用炮泥直接盖在大块煤、岩石表面上进行爆破。由于裸露爆破是在煤、岩石表面爆炸，爆炸火焰直接暴露在井下空气之中，所以最容易引起瓦斯、煤尘爆炸。故在有瓦斯的矿井中，严禁使用裸露爆破。

此外，由于裸露爆破的爆破方向和爆炸能量都不易控制，所以难以防止崩倒和崩坏支架，容易造成冒顶事故；也难以防止崩坏工作面的机械和电气设备以及其他事故。由于裸露爆破在空气中的震动强烈，容易把支架和煤、岩帮上的落尘震起来，使工作面粉尘浓度增大。

3.140　用爆破处理卡在溜煤（矸）眼中的煤、矸应采取哪些措施？

用爆破的方法崩落卡在溜煤跟中的煤、矸，也属于裸露爆破。溜煤眼一般通风不好，易于积聚瓦斯，而且煤尘也多，极易发生瓦斯、煤尘爆炸事故。故严禁用爆破的方法崩落卡在溜煤眼中的煤、矸石。如果确无爆破意外，也无其他方法处理卡在溜煤眼中的煤、矸石时，可爆破处理，但须遵守下列规定：

（1）必须采用取得煤矿矿用产品安全标志的用于溜煤（矸）眼的煤矿许用刚性被筒炸药或不低于该安全等级的煤矿许用炸药。

（2）每次爆破只准使用 1 个煤矿许用电雷管，最大装药量不得超过 450 克。

（3）每次爆破前，必须检查溜煤（矸）眼内堵塞部位的上部和下部空间的瓦斯。

（4）每次爆破前，必须洒水降尘。

（5）在有威胁安全的地点必须撤人、停电。

3.141　产生拒爆的原因有哪些？

（1）雷管受潮或其他缺陷。

（2）炸药变质，灵敏度急剧下降。

（3）爆破线路敷设质量不合要求。

（4）发爆器发生故障。

3.142　如何预防拒爆？

（1）爆破工应具备良好素质。

（2）爆破网络的连接必须按爆破说明书执行。

(3) 装药时，爆破工要一手拉直雷管脚线，使其紧靠炮眼的煤壁，不能捣断脚线或捣破脚线绝缘层。

(4) 做好现场发爆器材的管理工作。

(5) 不准使用严重变质硬化的炸药。不同类型、不同厂家、不同生产日期的雷管或炸药不准一起摆放。

3.143　如何处理拒爆?

处理拒爆必须在班组长直接指导下进行，并在当班处理完毕，若当班未能处理完毕，爆破工必须与下一班爆破工交接清楚。

(1) 由于连线不良造成拒爆，可以重新连线爆破。

(2) 在距离拒爆炮眼至少 0.3 米处，另外打一个与拒爆炮眼平行的新炮眼，重新爆破。

(3) 严禁用镐刨，或从炮眼中取原放置的引药，或从引药中拉出雷管；严禁将原炮眼残底继续加深；严禁用打眼的方法向外掏药，严禁用压风吹这些炮眼。

(4) 处理爆破后，爆破工必须检查炸落的煤、矸石，收集未爆的电雷管或炸药。

(5) 在处理爆破前，严禁在该地点进行与处理拒爆无关的工作。

3.144　巷道贯通爆破时，应采取哪些安全措施?

用爆破方法贯通井巷时，必须有准确的测量图，每班在图上填明进度。

(1) 当贯通的两工作面相距 20 米（综掘 50 米）时，停止一个工作面掘进，保持两个工作面正常通风，只有两个工作面及其回风流中瓦斯浓度都小于 1% 时，掘进工作面才能装药爆破。

(2) 每次爆破前，两个掘进工作面必须设置栅栏和专人警戒，间距小于 20 米的平巷，当在其中一个巷道爆破时，两个巷道工作面的人员均必须撤到安全地点。

3.145　穿透老空区爆破时，应采取哪些安全措施?

老空区指采空区、老窑和已经报废的井巷。

老空区往往有积水、瓦斯和其他有害气体，有的老空区与岩石裂缝相通，甚至与地面水联通，因此，爆破需谨慎，防止发生突然涌水、瓦斯爆炸和人员中毒伤亡等事故。

（1）坚持“预测预报，有疑必探，先探后掘，先治后采”的探放水原则，发现异常情况，必须查明原因，否则不准爆破。

（2）当爆破地点距老空区 15 米前，必须打探眼，探明老空区确切的位置、范围、瓦斯、积水、发火等情况，针对查明的情况，修正或调整安全爆破措施，否则不准爆破。

（3）穿透老空区时，所有人员必须撤离至安全地点，再进行爆破，爆破后，要先观察情况，并派有经验的人员，进入工作面查看，经检查确无异常情况、无危险时，其他人员才能进入。

（4）打眼时，如果发现煤、岩变软，炮眼里出水异常，工作面温度忽高忽低，瓦斯忽大忽小等异常情况，表明工作面已接近老空区，要停止爆破。必须待查明原因，采取防范措施，爆破已经具备条件时，才能爆破。

3.146　接近积水区域爆破时，应采取哪些安全措施?

（1）接近积水区域，要根据查明的情况，编制切实可行的排放水设计和安全措施，否则，禁止爆破。

（2）坚持“有疑必探，先探后掘”的探放水原则，当采掘作业地点出现突水预兆（如挂红、挂汗、空气变冷、出现雾气、水叫、顶板来压、水色发混有臭味、煤与岩变松软潮湿和炮眼渗水等）时，必须停止作业，禁止爆破，采取措施。接近积水区域爆破时，所有人员必须撤离至安全地点。

（3）打眼时，如果发现炮眼渗水，立即停止钻进，不要拔出钎子，马上向当班班长报告，并立即向矿调度报告。

(4) 放炮前，所有受威胁的人员必须全部撤离至安全地点，并且要有安全畅通的透水撤退避灾路线和排放水通道。

第七节　煤矿机电安全

随着煤矿生产机械化程度的提高，机电设备在煤矿生产中的重要性也日益突出。机电设备的使用操作或管理不当，往往会导致机电设备损坏，甚至引起瓦斯、煤尘爆炸，井下火灾等造成人身伤亡的重大恶性事故。因此，搞好煤矿机电安全工作是确保煤矿安全生产极其重要的一环。

3.147　采煤机截煤应该注意哪些安全问题？

(1) 采煤机上必须装能停止工作面刮板输送机运行的闭锁装置。一旦发生异常，采煤机司机可以立即切断刮板输送机电源，使输送机停止运转，防止事故进一步扩大。由于这种装置必须是闭锁的，没有采煤机司机的允许，顺槽内控制台上的刮板输送机司机是不能启动刮板输送机的。

(2) 采煤机停止或检修时，必须切断电源，并打开其磁力启动器的隔离开关。启动采煤机前，必须先巡视采煤机四周，确认对人员无危险后，方可接通电源。

(3) 工作面遇有坚硬夹矸或黄铁矿结核时，应采取松动爆破措施处理，严禁用采煤机强行截割。

(4) 工作面倾斜角大于15° 时，采煤机必须有可靠的防滑装置。

(5) 采煤机必须安装和使用喷雾降尘装置。

(6) 采用动力载波控制的采煤机，当两台采煤机由一台变压器供电时，应分别使用不同的载波频率，并保证所有的动力载波互不干扰，以免误动作。

(7) 采煤机上的控制按钮，必须设在靠采空区一侧，并加保护罩。

(8) 使用有链牵引采煤机时，在开机和改变牵引方向前，必须发出信号，只有在收到反向信号后，才能开机或改变牵引方向，防止牵引链跳动或断链伤人。必须经常检查牵引链及其两端的固定连接件，发现问题，及时处理。采煤机运行时，所有人员必须避开牵引链。

(9) 更换截齿以及滚筒上下 3 米以内有人工作时，必须护帮护顶，切断电源，打开采煤机隔离开关和离合器，并对工作面输送机施行闭锁。

(10) 采煤机用刮板输送机作轨道时，必须经常检查刮板输送机的溜槽连接、挡煤板导向管的连接，防止采煤机牵引链因过载而断链；采煤机为无链牵引时，齿（销、链）轨的安设必须紧固、完整，并经常检查。必须按照作业规程规定和设备技术性能要求操作、推进刮板输送机。

3.148 使用链式截煤机应该注意哪些安全问题?

(1) 截煤时切勿用手或铁件在截煤部下耙煤，更不能伸头去看，以防截齿、煤粒伤人，用铁铲打煤粉时不能伸到截链的转动部位。

(2) 牵引绳端支柱应以倾斜 30°～35° 的下端固定牵引绳，上端挖窝支撑牢固，护柱人应在侧面钢绳受力后方能离开，以防滑顶伤人。

(3) 截煤机在工作运行中，严禁机身侧面蹲人，防止截齿破煤时碰上硬矸突然退出机身伤人。

(4) 保持设备平移运行，防止扭坏截盘、机梁。

(5) 负载电缆、水管不得同时绞在一起，以防电缆绝缘损坏漏电，水管漏水，造成人身伤亡、煤层瓦斯爆炸事故。

(6) 截煤时截盘发生爬棚、钻底或自然退出，主要是截齿合金片损坏脱落较多的缘故，应及时退出截盘，停机断电处理。

(7) 机梁弯曲，截盘变形引起爬棚、钻底，主要是机道不平而造成，初始发现机身颠簸应及时就地取砂炭或方木垫平，使机身运行平稳。

(8) 电动机出现声音异常，应迅速调整摩擦片压力或断电停机检查。

(9) 出现卡链、夹截盘，主要是截链带回煤粉或岩压大的缘故，应勤打煤粉，调松摩擦片，减慢牵引速度，禁止强行多次启动。

(10) 发现截链松动，应停机检查，调整截链的松紧程度。

3.149 使用人力推车有什么规定?

(1) 1 次只准推 1 辆车。严禁在矿车两侧推车。同向推车的间距，在轨道坡度小于或等于 5‰ 时，不得小于 10 米；坡度大于 5‰ 时，不得小于 30 米。

(2) 推车时必须时刻注意前方。在开始推车、停车、掉道、发现前方有人或有障碍物，从坡度较大的地方向下推车以及接近道岔、弯道、巷道口、风门、硐室出口时，推车人必须及时发出警号。

(3) 严禁放飞车。巷道坡度大于 7‰ 时，严禁人力推车。

3.150 如何防止刮板输送机造成人身伤害事故?

(1) 防止人被转动部分绞伤。人不得在机头机尾及溜槽中行走或逗留，不得用脚蹬出槽和飘起的刮板链。

(2) 防止人被长料撞伤。一般运送长料的顺序是：放料要顺刮板方向先放前端，后放尾端；先取尾端，后取前端。

(3) 防止人被刮板链打伤。造成此类事故的主要原因多数是工人违章乘坐运输机或在机槽中行走。因此，刮板输送机严禁乘人。

(4) 防止误开机造成事故。井下工人在处理事故时，禁止不停机操作。停机后，应挂“有人工作，禁止开机”的警示牌，严格保证停机。在运输沿线，要安设声光信号或警铃，开机前要先发信号，后启动试车，待观察没有异常情况后，方可正式开机。

3.151 如何防止胶带输送机造成人身伤害事故?

(1) 胶带输送机的驱动装置、联轴器、传动滚筒、尾部滚筒等部位都要装设保护罩和保护栏杆，防止人员靠近造成滚筒绞人事故。

（2）运输机工作人员衣着要利索，袖口、衣襟要扎紧，长发要盘在安全帽内。运行中向托辊注油或处理托辊故障时，要特别小心。禁止用手直接接触传动部分。胶带输送机运行中，严禁用铁锹和其他工具刮胶带上的煤泥，或用工具拨正跑偏的皮带。

（3）胶带输送机司机开机时，要先点启动，并发出信号，待观察没有异常情况时，方可开机。输送机启动和运行时，司机应注意观察电动机电流的变化情况，以及输送带打滑情况。胶带输送机停止运转时，除紧急情况外，必须将输送带上的煤卸完后方可停车，避免重载启动，造成电动机过载，胶带打滑，胶带接头拉坏等现象。如未切断电源，禁止检修。

（4）胶带输送机安装在巷道内，两侧要有足够宽度，输送机与砌砖之间的最小距离要大于 0.4 米。胶带输送机运行中，禁止人员跨越胶带，需要跨越处要设桥梯。输送机安设要做到平、直，运转灵活。司机要加强设备保养，发现问题，及时维修，确保输送机安全可靠。

3.152 掘进工作面开始装载作业必须遵守哪些安全事项?

（1）进入工作面开始装载作业前，须做好安全检查，并洒水，防止装岩时粉尘污染环境。

（2）用装岩机、耙斗装岩机、铲运机、装运机或人工出渣前，要检查和处理工作面顶、帮的浮石。在斜井中移动耙斗装岩机时，下方不准有人。

（3）操作维修人员应经过培训并掌握机器的性能，熟悉并遵守其安全操作规程。

（4）操作装岩机时，应注意防止砸坏电缆和气管。

（5）对内燃动力的装载机械应定时检查消烟及净化装置，发现异常现象应及时进行安全处理。

（6）停止工作时，机器应移放至安全地点，切断动力源，做好安全防范工作。

3.153 采用耙斗式装载机装岩（煤），应遵守哪些规定?

（1）应有良好照明。

（2）绞车前部应设防断绳回甩的防护设施。

（3）绞车开动前，司机应发出信号。

（4）绞车开动时，禁止人员跨越钢丝绳。

（5）绞车停止运行时，应将钢丝绳松弛。

3.154 采用无轨装运设备，应遵守哪些规定?

（1）出矿巷道中运行的车辆遇到人员时，应停止让人通过。

（2）运输巷道的底板要平整，巷道的坡度应小于设备的爬坡能力，弯道的曲线半径应符合设备的要求。

（3）禁止站在铲斗内撬浮石，禁止用铲斗破大块石。

（4）禁止人员从升举的铲斗下通过和停留。

（5）溜矿井应设安全车挡。

（6）铲运机架硬座上方，应设牢固的防护棚。

（7）车厢装载不得过满，作业人员操作位置上方应设防护网或板。

3.155 井下常见的人身触电事故有哪些原因?

（1）作业人员违规进行带电作业，造成触电伤亡。

（2）停电作业人员违反操作规程，忘停电、停错电造成人员触电伤亡。

（3）没有执行停、送电制度，误送电造成人员触电伤亡。

（4）人身触及已经破皮漏电的导线或电气设备金属外壳，造成触电伤亡。

（5）携带较长的钢钎等导电物件触及电机车架空线而发生触电伤亡。

（6）触及已停电但未放电的高压电缆而触电伤亡。

3.156 防止井下触电的主要方法有哪些?

(1) 防止人身接触或接近带电导体。将电气设备的裸露带电部分安装在一定高度，或围以栅栏，使人不能靠近；井下各种电气设备的带电部件及电缆接头都必须封闭在坚固的外壳中；禁止非工作人员进入变（配）电所。

(2) 对人员经常接触的电气设备，采用降低的工作电压。例如井下照明、手持式电气设备的额定电压和电话、信号装置的额定供电电压，都不应超过127伏；控制电路的电压，不应超过36伏。

(3) 严格遵守各项安全用电作业制度。井下不得带电检修、搬迁电气设备；必须严格执行谁停电就由谁送电的停送电制度，中间不得换人。严禁采用约时停送电。非专职或电气值班人员，不得擅自操作电气设备。

除以上一般措施外，为预防触电，在煤矿井下还采用变压器中性点严禁直接接地的供电系统和“三大保护”等保护措施。

3.157 煤矿井下用电的“十不准”是指什么?

煤矿井下十种供电的违章作业行为是绝对不允许的:

(1) 不准带电作业、带电搬迁和检修设备。

(2) 不准明火爆破、明火打点、明火操作。

(3) 不准甩掉过流保护。

(4) 不准甩掉漏电保护。

(5) 不准甩掉接地保护。

(6) 不准甩掉煤电钻综合保护器。

(7) 不准甩掉风电闭锁。

(8) 停电后未检查瓦斯不准送电。

(9) 不准用铜、铁、铅丝等代替熔断器的熔件（保险丝)。

(10) 井下不准拆卸矿灯。

入井须知

煤矿井下生产环境特殊，时刻受到水、火、瓦斯、煤尘和顶板等自然灾害的威胁。工人入井前，必须了解和掌握在井下作业的安全基本知识，了解井下的安全设施，了解煤矿井下生产的环境和基本条件；同时，要掌握煤矿井下自救、互救和创伤急救的基本知识。

第一节　入井前的准备工作

工人入井前，除具备煤矿井下作业的安全生产基本知识外，需要在体力和精力上做好充分准备，有完善的井下作业防护装备。新工人入井前还必须进行安全培训教育，掌握对入井人员的基本要求和相关制度。

4.1　井下作业人员应当掌握哪些知识和技能？

（1）安全生产法律法规知识。

（2）矿井概况、工作环境及井下危险因素，所从事工种可能造成的职业健康伤害和伤亡事故，该工种的安全职责、操作技能及强制性标准。

（3）拒绝违章指挥和强令冒险作业，紧急情况下停止作业和撤离现场的责任、义务与权利。

（4）应急救援预案和发生瓦斯爆炸、水害、火灾、顶板等灾害的自救、互救方法与避灾路线。

（5）安全生产规章制度和劳动纪律。

（6）自救器等安全逃生装备和设施的使用与维护。

（7）入井须知、通风安全系统、报警系统和安全指示标志。

（8）瓦斯、一氧化碳等有害气体的性质、危害及瓦斯积聚的预防。

（9）其他相关的安全生产知识和技能。

4.2　《规程》对入井人员有哪些要求?

（1）入井人员必须戴安全帽、随身携带自救器和矿灯。

（2）入井人员严禁携带烟草和点火物品。

（3）入井人员严禁穿化纤衣服。

（4）入井前严禁喝酒。

4.3　为什么对井下作业人员的着装有要求?

入井前要穿好工作服、胶靴、脖子上围条毛巾。工作服和鞋袜要穿着整齐利索，袖口扎好，防止被转动的机器缠咬而发生意外事故；胶靴不能破漏，它既可以保护脚，又可以防止人体触电；脖子上围一条毛巾既可以擦汗，又可以避免煤（矸石）渣掉进衣服里面去，在发生爆炸或火灾事故时，若无自救器还可以用它沾湿水捂住口鼻逃生。如果工作地点有淋水或使用湿式钻眼和洒水防尘，还应穿好雨衣，防止淋湿着凉。

4.4　为什么严禁穿化纤衣服下井?

化纤衣服的衣料绝缘电阻大，当它和人体或衣料之间发生摩擦时，会产生静电，其能量足以引起瓦斯、氢气的燃烧和爆炸。此外，化纤衣服易燃，万一发生火灾，穿化纤衣服的人员会被立即烧伤皮肤，甚至导致死亡。因此，《规程》规定，严禁穿化纤衣服下井。

4.5 为什么严禁携带引火物品入井？

火源是井下发生瓦斯、煤尘爆炸事故的主要条件之一。据统计，由于井下吸烟而引起的瓦斯爆炸事故，造成的伤亡人数约占 30% 左右。因此，严禁携带烟草和点火物品入井，是保证矿井和人身安全的必要措施。

4.6 为什么入井前严禁喝酒？

井下工作环境比较复杂，要求作业人员注意力高度集中。喝酒后，由于酒中乙醇的作用，使人精神昏沉，反应迟钝，或者引起情绪冲动，盲目蛮干。因此，入井人员入井前严禁喝酒，要休息好，保持旺盛精力，做到心情愉快。

4.7 矿灯由哪几部分组成？

我国煤矿井下目前使用的矿灯有酸性矿灯、碱性矿灯、镍氢电源矿灯、锂电源矿灯等。酸性矿灯使用较为普遍，如 KSB.8 型矿用安全帽灯，是一种以铅酸蓄电池为电源的井下便携式矿灯。其额定电压为 4 伏，连续工作时间 11 小时。其结构主要有蓄电池（简称电池）、灯线和灯头三部分组成。灯头内还设有自动断电装置，当灯泡或灯面玻璃被击碎时，能自动断电，保证井下使用安全。

4.8 领取矿灯后应该做哪些检查？

（1）检查电池盒体上是否有煤矿矿用产品安全标志“MA”字样和统一编号。

（2）检查电池盒体有无破裂或透气盖处有无漏液现象。

(3) 检查灯线有无破损，灯线与电池和灯头连接是否牢固，灯线两端出、入口处密封是否良好，灯线长度应在 1 米以上。

(4) 检查灯头圈是否松动，灯头壳体有无破损，灯面玻璃有无破裂。

(5) 检查灯头上的开关是否完好可靠。

(6) 检查灯锁是否锁好，有无松动。

(7) 检查双光源灯光是否都明亮。

4.9　矿灯使用中必须遵守哪些事项?

(1) 入井人员应按规定时间凭灯牌到固定窗口领灯和交灯。

(2) 领到矿灯后，要检查矿灯是否完好，若发现问题应要求灯房人员及时修复或更换。

(3) 经检查确无问题后，入井前要把矿灯佩戴好，不要提在手里，灯盒用皮带串好扎在腰间，灯头帽钩插在安全帽上。

(4) 入井人员要爱护矿灯，严禁在井下随意拆卸、敲打、撞击矿灯，以免产生电火花引起瓦斯或煤尘爆炸事故。

(5) 不得手提灯线甩动灯头，以免损坏灯线。

(6) 禁止用矿灯的电池代替发爆器爆破。

(7) 升井后必须立即将矿灯交回灯房，以便及时充电，如因工作需要连班时，必须换灯。

(8) 使用中如果发生故障，交灯时应主动向灯房人员说明。

(9) 使用固定矿灯的人员，不得随意和他人互换矿灯。

(10) 交回的矿灯应保持完好、无损伤。

第二节　井下乘车与行走安全

到井下作业地点需要乘车或行走。交通工具因各矿而异，有竖井罐笼、斜井人车或平巷人车等。我国中小煤矿以步行居多，受井下环境条件的限制，井下行走和乘车都必须注意安全。

4.10　乘坐罐笼应遵守哪些规定?

（1）乘罐笼上下井时，要遵守乘坐罐笼的有关规定，服从人员的指挥，排队按次序上下，不得拥挤和打闹，进入罐笼后，要关好罐笼门，身体任何部位不得伸出罐笼外。

（2）没有得到井口管理人员的许可，不准进、出罐笼，特别是已发出升降信号和没有发出停罐笼信号前，严禁进出罐笼。

（3）罐笼每次乘载的人数是有规定限额的，如果已经满员，要等下一次再上，不要强挤强上，以免由于超载而发生危险。

（4）严禁同一层罐笼内人、物混合提升。

（5）罐笼升降过程中，人要站稳、抓牢扶手，不要把所带器具伸到罐笼外，不准在罐笼内打闹，更不准向井筒抛仍任何东西。

（6）乘吊桶上、下井时，佩戴好保险带，不准坐立在吊桶边缘上。要等吊桶停稳，井盖门关好后才能上、下吊桶。

4.11　乘坐斜巷人车应遵守哪些规定?

（1）必须到有明显标志，光线充足的专用人车车站或候车平台上乘车。

（2）乘车时必须遵守乘车规定，听从跟车人指挥。

（3）在乘车地点依照先后次序等车，待人车停稳后，得到把钩工允许时方可上车。

（4）上车后不得挤占跟车人位置，应从跟车人座位后依次坐好，座位满员后，门口不得站人扒乘。

（5）乘车人应将随身携带的工具物品放稳带好，不得随意靠在车窗座位上，更不能露出车外。

（6）发出开车信号后，不准上下车，更不准在人车行驶途中扒上跳下。

4.12 乘坐斜井架空乘人装置应遵守哪些规定?

（1）必须在专门的乘人地点乘坐，人员乘坐时要分散开，间距要大于 5 米。

（2）乘车人在运行途中要坐稳，不要乱摆动身体，防止引起吊杆摆动，造成吊杆与牵引钢丝绳脱扣，摔伤乘人。

（3）乘车人在运行途中不得用手或脚触及邻近的任何物品，避免意外挂伤。

（4）携带爆炸物品的人员严禁与上下班人员同时乘坐。

（5）应在设有保护装置的专门的下人地点下人。

4.13 乘坐带式输送机应遵守哪些规定?

（1）必须在专门的上下平台乘坐。

（2）乘坐时应按先后顺序每隔 4 米乘坐 1 人，乘车人应面向胶带行进方向端正坐稳，不得站立或仰卧。

（3）乘车人双手可触摸着胶带表面，也可抱膝盘坐，但不得用手抚摸胶带两侧，以免将手碾伤。

（4）严禁携带超长物品或笨重物品乘坐带式输送机。

4.14 乘坐平巷人车应遵守哪些规定?

（1）听从司机及乘务人员的指挥，开车前必须关上车门或挂上防护链。

（2）人体及所携带的工具和零件严禁露出车外。

（3）列车行驶中和尚未停稳时，严禁上下车和在车内站立。

（4）严禁在机车上或任何两车厢之间搭乘。

（5）严禁超员乘车。

（6）车辆掉道时，必须立即向司机发出停车信号。

4.15 井下行走要注意哪些问题？

（1）在井底车场要走井底绕道，不准从立井或斜井井底穿过。

（2）在大巷行走时，一定要走人行道，不要在轨道中间走，也不要随便横穿电机车轨道。在人行道宽度不够的巷道内行走时，要在车辆接近前迅速进入躲避硐室暂避，等车辆驶过后再出来行走。

（3）路过车场、有人工作和巷道维修的地点时，一定要先联系，经允许后方可通过。

（4）胶带输送机和刮板输送机不论是否开动，都不能在上面行走。

（5）严禁进入有栅栏和挂有危险警告牌的巷道或硐室内。

（6）在从巷道上方有人工作的地方穿过时，要先同上方工作人员取得联系，请他们暂时停止工作，然后再通过。

（7）在绞车道上行走时，要取得把钩工人的同意，坚持“行人不开车，开车不行人”的原则，严禁蹬钩，行走中不准踩踏钢丝绳，跨越钢丝绳时动作要快。

（8）在上、下立眼时，要走行人立眼，手要抓好扶牢，不许抓电缆。

（9）在巷道行走时，要注意脚下的路，防止掉入煤仓、溜煤眼、水沟等。

（10）携带工具最好拿在手中，以免损坏、伤人和触碰架空线。

（11）通过风门时，一定要注意随手把风门关好。不准同时打开相邻的两道风门，以免造成风流短路。

（12）在工作面行走时，要走人行道，要靠煤帮侧行走，不准在刮板输送机上行走。

（13）溜煤眼和下料眼内不准行人，也不要在溜煤眼的放煤口停留。

（14）巷道口钉有栅栏或挂有危险警告牌的地点，行人绝对

不能进入，以防因里面积聚的有害气体而发生窒息或顶板垮落伤人。

4.16 井下携带工具要注意哪些问题？

井下作业人员随身携带工具，一定要妥善保管。锋利的工具刃口要带套，并朝着行进方向携带。注意与同行人员保持一定的距离，避免因碰撞误伤同行人员。

携带像钻杆、铁锹这样的长工具，乘罐笼和人车时不得乱放。应放在合适位置并用一只手抓住，另一只手抓扶手，防止设备运行时，工具被震倒碰伤乘人。乘坐带式输送机时，工具应顺沿胶带运行方向放置，必须用一只手抓牢工具的把柄，防止随胶带运行发生滚滑伤人。乘架空乘人装置时，工具不能横着运行方向放在身体上。应一手抓吊杆，一手握工具，并使工具顺同装置运行方向一致。不得垂直抱在吊杆上，以防碰撞上方装置。

携带较长工具在井下行走时，为避免碰坏头顶上方的矿井照明灯等，禁止将较长工具斜扛在肩上，都要拿在手中行走。特别是在架线式电机车运行巷道，更应注意不能让工具碰到架空线。否则，有可能碰坏架空线，还会使携带者发生触电危险。

第三节　井下信号、安全设施与安全标志

为保证煤矿安全生产，井下除设置有相应的安全设施以外，生产中的各个环节还具体规定有声光信号，相关地点设置有安全标志，这些都是保证安全生产的重要手段。

4.17 矿井生产环节主要有哪些声光信号？

（1）提升运输系统设置声光信号。声是指电铃声，铃声的次数

和长短不同，其表达的指令也不同；光是指红、绿灯，红灯停，绿灯行。

(2) 爆破前和爆破解除信号。一般是用口哨发出。爆破员在爆破前用口哨发出预告信号，当危险解除后发出危险解除信号。

(3) 监测设备的警告信号。一般为声响信号。如甲烷传感器在甲烷超限后发出警报信号。

每个入井人员都要熟悉本矿规定的各种信号，听从信号指挥。同时，要爱护信号设备，保证信号设备正常工作。

4.18 井下有哪些安全设施?

(1) 斜巷阻车器、挡车栏和防跑车装置。

(2) 斜巷躲避硐。

(3) 井底水泵房的防水门、防水闸。

(4) 井底车场的防火门。

(5) 井底及采区的避难硐室。

(6) 进风大巷的消防材料库。

(7) 井下机电硐室的防爆门。

(8) 井下爆破材料库两个出口能自动关闭的抗冲击波密闭门。

(9) 机电硐室的消防沙箱及灭火器。

(10) 瓦斯抽放和监测装置及系统。

(11) 突出矿井应有压风自救系统。

(12) 自动喷雾洒水装置及系统。

(13) 隔爆水棚、水袋（槽）、岩粉棚。

(14) 防水水沟、防火墙。

(15) 密闭、栅栏、风门、风桥。

此外，各个矿根据自己的实际都分别建有不同的安全设施。每个入井人员都要熟悉本矿的各种安全设施，了解它们的作用，并合理发挥它们的作用。

4.19 井下有哪些安全标志?

我国通用的矿山安全标准按其使用功能可分为五类 55 种，即：禁止标志，警告标志，指令标志，路标、名牌、提示标志，指导标志等。

(1) 禁止标志。禁止或制止人们某种行为的标志，有 16 种，见表 4.1。

(2) 警告标志。警告人们可能发生危险的标志，有 16 种，见表 4.2。

(3) 指令标志。指示人们必须遵守某种规定的标志，有 9 种，见表 4.3。

(4) 路标、名牌、提示标志。告诉人们目标、方向、地点的标志，有 12 种，见表 4.4。

(5) 指导标志。提高人们思想意识的标志，有两种，见表 4.5。

安全标志是矿山安全设施的组成部分，每一位煤矿职工都应该学习和掌握，并在工作中爱护这些安全标志。

表4-1 禁止标志

编号	符号	名称	设置地点
01		禁带烟火	禁止烟火地点
02		严禁酒后入井（坑）	有人出入的井口和矿坑
03		禁止明火作业	禁止明火作业地点
04		禁止启动	不允许启动的机电设备
05		禁止合闸	变电室、移动电源、开关停电等
06		禁止扒乘矿车	运输大巷交叉口、乘车场、机车事故多发地段
07		禁止乘输送带	禁止乘人的带式输送机，每隔50米设一个
08		禁止车间乘人	斜井、平巷运人列车车站、串车提升斜井上下口
09		禁止乘人登钩	串车提升斜井上下口
10		禁止跨输送带	链板、胶带、钢绳牵引运输不许跨越的地方
11		禁止攀牵线缆	设在敷有电缆信号线等巷道内
12		禁止料罐乘人	设在开凿立井井口处
13		禁止入内	封闭火区、瓦斯区、盲巷、废弃巷道及其他禁止入内地点
14		禁止通行	井下危险区、放炮警戒处，不兼作行人的绞车道、材料道及禁止行人的通道口
15		禁止停车	禁止停车处
16		禁止驶入	线路终点和禁止机车驶入地段

表4-2 警告标志

编号	符号	名称	设置地点	编号	符号	名称	设置地点
01		注意安全	提醒人们注意安全的地方	09		当心触电	有触电危险部位
02	瓦斯	当心瓦斯	瓦斯积聚地段、盲巷口、瓦斯钻场、巷道高冒处	10		当心坠落	建井施工、井筒维修及高空作业处
03		当心冒顶	冒顶危险区、巷道维修地段	11		当心坠入溜井	溜煤眼、溜矿井、溜矿仓
04		当心火灾	仓库、爆破材料库、油库、带式输送机、充电室和有发火预兆的地区	12		当心片帮滑坡	有片帮滑坡危险地段
05	水	当心水灾	有透水或水患地区	13		当心矿车行驶	兼行人的倾斜运输巷道内
06	突出	当心突出	预计有害气体突出地区	14		当心列车通过	行人巷道与运输巷道交叉处
07		当心有害气体中毒	井下CO、H_2S、NO_x等有害气体危险地区、露天矿深部通风不良的火区	15		当心交叉道口	巷道交叉处
08		当心爆炸	爆破材料库，运送火药、雷管的容器和设备上	16		当心弯道	弯道处

表4-3 指令标志

编号	符号	名称	设置地点	编号	符号	名称	设置地点
01		必须戴矿工帽	人员出入井口、更衣房、矿灯房等醒目地方	06		必须戴防尘口罩	打眼施工、炮烟区
02		必须携带矿灯	入井口处、更衣房、矿灯房等醒目地方	07		必须桥上通过	设有人行桥地方
03		必须带自救器	入井口处、更衣房、领自救器房等醒目地方	08		走人行道	设在人行道两端
04		必须穿戴绝缘保护用品	设在高压电器设备室内	09		鸣笛	机车通过巷道交叉处、道岔口和弯道前20~30米鸣笛处
05		必须系安全带	建井施工处、高空作业、井筒检修地点				

表4-4 路标、名牌、提示标志

编号	符号	名称	设置地点	编号	符号	名称	设置地点
01		安全出口	设在矿井采区安全出口路线上（间隔100米）和改变方向处	07	沉陷区	沉陷区	地表沉陷滑落区

续表

编号	符号	名称	设置地点	编号	符号	名称	设置地点
02		电话	通往电话的通道上	08	前方慢行	前方慢行	风门、交叉道口、弯道、车场、翻罐等须减速慢行地点
03		躲避硐	躲避硐上方	09	入风巷道	入风巷道	入风巷道
04		急救站	通往急救站通道上	10	回风巷道	回风巷道	回风巷道
05	放炮警戒线	放炮警戒线	放炮警戒线处	11	正在检修 不准送电	指示牌	根据需要自行写字、自行设置
06	××危险区	危险区	井下火灾、瓦斯、水患等危险区附近	12		路标	自行设置

表4-5 指导标志

编号	符号	名称	设置地点	编号	符号	名称	设置地点
01	安全第一 预防为主	安全生产指导标志	提高安全生产意识、加强安全生产教育场所，悬挂在庭院旗杆上或高层建筑屋顶上	02	注意卫生 文明生产	劳动卫生指导标志	提高劳动卫生意识、加强劳动卫生教育场所，悬挂在庭院旗杆上或高层建筑屋顶上

第四节　井下避灾与自救互救

4.20　为什么矿井要有避灾路线？对避灾路线有哪些要求？

避灾路线是指煤矿制定的各类事故发生时的避灾路线。因为在井下生产过程中，可能出现各种意外，为使在意外事故发生时，井下遇险人员能够安全脱离险区，在灾害预防与处理计划中应制定避灾路线。

避灾路线应该使井下人皆熟知。各种灾害的避灾路线、避难硐室应有明显标志，还应有专人检查是否完好。

4.21　发生事故时，在场人员的行动原则是什么？

（1）及时报告灾情。

（2）积极抢救。

（3）安全撤离。

4.22　发生事故时，如何报告灾情？应注意什么？

发生灾变事故后，事故地点附近的人员应尽量了解或判断事故的性质、地点和灾害程度，迅速利用最近处的电话或其他方式向矿调度室汇报，并迅速向事故可能波及的区域发出警报，使其他工作人员尽快知道灾情。

在汇报灾情时，要将看到的异常现象（火烟、飞尘等），听到的异常声响，感觉到的异常冲击如实汇报，不能凭主观想象判定事故性质，以免给领导造成错觉，影响救灾。

4.23　发生事故时，如何积极抢救？应注意什么？

灾害事故发生后，处于灾区内以及受威胁区域的人员，应沉着

冷静。根据灾情和现场条件，在保证自身安全的前提下，采取积极有效的方法和措施，及时投入现场抢救，将事故消灭在初始阶段或控制在最小范围，最大限度地减少事故造成的损失。

在抢救时，必须保持统一的指挥和严密的组织，严禁冒险蛮干和惊慌失措，严禁各行其是和单独行动；要采取防止灾区条件恶化和保障救灾人员安全的措施，特别要提高警惕，避免中毒、窒息、爆炸、触电、二次突出、顶帮二次垮落等再生事故的发生。

4.24　发生事故时，如何安全撤离？应注意什么？

当受灾现场不具备事故抢救的条件，或可能危及人员的安全时，应由在场负责人或有经验的老工人带领，根据矿井灾害预防和处理计划中制定的撤退路线和当时当地的实际情况，尽量选择安全条件最好、距离最短的路线，迅速撤离危险区域。

在撤退时，要服从领导，听从指挥，根据灾情使用防护用品和器具；要发扬团结互助的精神和先人后己的风格，主动承担工作任务，照顾好伤员和年老体弱者；遇有溜煤眼、积水区、垮落区等危险地段，应探明情况，谨慎通过。

灾区人员撤出路线选择的正确与否决定自救的成败。

4.25　为什么入井人员必须随身携带自救器？

自救器是一种轻便、体积小、便于携带、使用快捷、作用时间短的个人呼吸保护装备。

自救器分为两类：过滤式自救器和隔离式自救器。当井下发生火灾、瓦斯和煤尘爆炸、煤和瓦斯突出等事故时，供人员佩戴以免中毒或窒息。

4.26　过滤式、隔离式自救器各适用于什么使用条件?

（1）过滤式自救器使用条件：由于佩戴过滤式自救器后人员呼吸所需的氧气仍来源于外界空气中，且装置中的氧化剂（触媒剂）的数量有限，因而其使用范围有一定的限制。它仅用于氧浓度不低于 18% 和一氧化碳浓度不高于 1.5%，且没有其他有害气体的环境。

（2）隔离式自救器使用条件：隔离式自救器又分化学氧和压缩氧两种，可用于井下任何环境。

化学氧自救器是利用化学生氧物质产生氧气，供矿工从灾区撤退脱险用的呼吸保护器。

压缩氧自救器是为防止有毒气体对人身的侵害，利用压缩氧气供氧的隔离式呼吸保护器，是一种可反复多次使用的自救器，每次使用后只需要更换吸收二氧化碳的氢氧化钙吸收剂和重新充装氧气即可重复使用。压缩氧自救器用于有毒气体环境或缺氧环境中的作业人员自救逃生或进行必要的工作时使用，还可作为压风自救系统的配套装备。

4.27　如何佩戴过滤式自救器?

佩戴过滤式自救器的方法是：① 取下保护罩；② 用拇指扳开开启扳手；③ 拉开封口条；④ 打开外壳上盖；⑤ 握住头带把过滤罐从外壳里拉出来；⑥ 从口具上拉并鼻夹；⑦ 将口具放入口中，口具片放在唇和牙床之间，牙齿紧紧咬住牙垫，闭紧嘴唇；⑧ 夹上鼻夹，用嘴进行呼吸；⑨ 摘下矿帽，戴上头带；⑩ 戴上矿帽，撤离危险区。图 4.1 为 AZL.60 型过滤式自救器的结构。

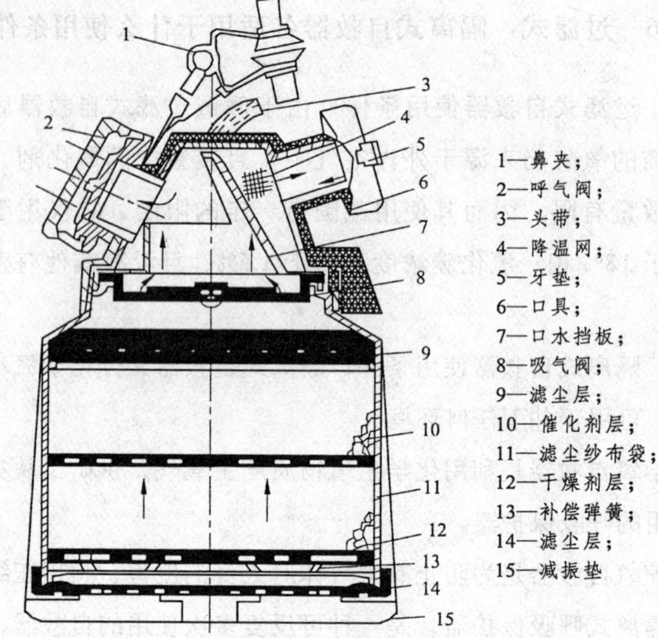

图 4.1　AZL.60 型过滤式自救器的结构

4.28　佩戴过滤式自救器应注意什么？

（1）注意使用条件［见 4.26 中（1）所述］。

（2）当得知发生事故时，立即佩戴，且千万记住夹上鼻夹。

（3）行走时不要慌张，要步履均匀，保持均匀呼吸。

（4）未到达安全地点前，不能随意脱掉自救器。

（5）在安全培训时，在培训人员指导下，反复进行佩戴练习，定期进行救灾演习。

4.29　如何佩戴压缩氧自救器？

佩戴压缩氧自救器的方法：① 携带自救器应斜挂在肩上，并避免强烈冲撞；② 观察压力计指针位置，若指示在白线内，可以使用；

③拉出氧气袋、呼吸导管、鼻夹；④旋开氧气瓶开关，并开启到最大位置；⑤拔掉口具塞，迅速将口具片放在唇齿之间，咬住牙垫，紧闭嘴唇，使之有可靠的气密性；⑥将鼻子用鼻夹夹紧，用嘴呼吸；⑦在呼吸的同时按动补给按钮，1～2 秒充满气囊，立即停止。图 4.2 为压缩氧自救器的结构图。

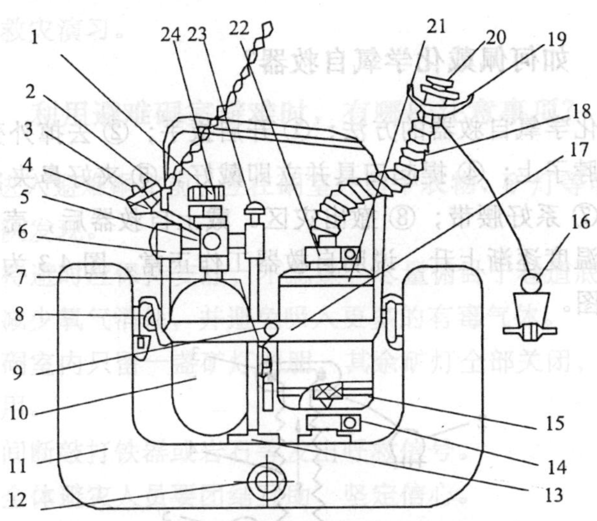

图 4.2 压缩氧自救器的结构

1—减压器；2—拉环；3—防松环；4—开关手柄；5—丝堵；6—压力表；7—胶管；8—挂钩；9—紧固螺栓；10—氧气瓶；11—气囊；12—排气阀；13—胶管接头；14—下卡箍；15—盲盖；16—鼻夹；17—紧固带；18—呼吸软管；19—口具；20—口具塞；21—清净罐；22—上卡箍；23—手动补给钮；24—腰勾

4.30 佩戴压缩氧自救器应注意什么？

(1) 不要无故开启自救器。

(2) 发生事故，立即佩戴。

(3) 注意观察压力计，掌握氧气消耗情况，保持冷静，均匀呼吸，未到达安全地点时，不能随意脱摘。

(4) 不能代替工作型呼吸器使用。

用湿毛巾捂住口鼻，防止把火焰吸入肺部。用衣物盖住身体，尽量减少肉体暴露面积，以免烧伤、灼伤。爆炸后，要迅速按规定佩戴好自救器，认清方向，沿着避灾路线，赶快撤退到新鲜风流中。若巷道破坏严重，不知撤退是否安全时，可以到棚子较完整的地点躲避，等待救护。

4.35　掘进工作面发生瓦斯爆炸后，矿工应怎样自救与互救?

如发生小型爆炸，掘进巷道和支架基本未遭破坏。遇险矿工未受直接伤害或受伤不重时，应立即打开随身携带的自救器，佩戴好后迅速撤出受灾巷道到达新鲜风流中。对于附近的伤员，要协助其佩戴好自救器，帮助其撤出危险区。不能行走的伤员，如在靠近新鲜风流 30～50 米范围内，要设法抬运到新鲜风流中；如距离远，则只能为其佩戴自救器，不可抬运。撤出灾区后，要立即向矿调度室报告。

如发生大型爆炸，掘进巷道遭到破坏，退路被阻，但遇险矿工受伤不重时，应佩戴好自救器，千方百计疏通巷道，尽快撤到新鲜风流中。如巷道难以疏通，应坐在支护良好的棚子下面，或利用一切可能的条件建立临时避难硐室，相互安慰，稳定情绪，等待救助，并有规律地发出呼救信号。对于受伤严重的矿工也要为其佩戴好自救器，使其静卧待救，并且要利用一切可能利用的条件，建立临时避难硐室待救。利用压风管道、风筒等改善避难地点的生存条件。

4.36　采煤工作面瓦斯爆炸后，矿工应采取哪些自救与互救措施?

如果进回风巷道没有垮落堵死，通风系统破坏不大，所产生的有害气体较易被排除。这种情况下，采煤工作面进风侧的人员一般不会受到严重伤害，回风侧的人员要迅速佩用自救器，经最近的路程进入进风侧。

如果爆炸造成严重的塌落冒顶，通风系统被破坏，爆源的进、回风侧都会聚积大量的一氧化碳和其他有害气体，该范围所有人员都有发生一氧化碳中毒的可能。为此，在爆炸后，要立即打开自救器佩戴好。在进风侧的人员要逆风撤出，在回风侧的人员要设法经最短路线，撤退到新鲜风流中。如果由于冒顶严重撤不出来时，首先要把自救器佩戴好，并协助重伤员在较安全的地点待救。附近有独头巷道时，也可进入暂避，并尽可能用木料、风筒等设立临时避难场所，并把矿灯、衣物等标志物挂在避难场所外面明显的地方，然后进入硐室内静卧待救。

4.37　井下发现煤与瓦斯突出预兆时，井下人员应采取哪些措施?

（1）矿工在采煤工作面发现有突出预兆时，要以最快的速度通知人员迅速向进风侧撤离。撤离中快速打开隔离式自救器并佩戴好，迎着新鲜风流继续外撤。如果距离新鲜风流太远时，应首先到避难所或利用压风自救系统进行自救。

（2）掘进工作面发现煤与瓦斯突出的预兆时，必须向外迅速撤离至防突反向风门之外，把防突风门关好，然后继续外撤。如自救器发生故障或佩用自救器不能安全到达新鲜风流处时，应在撤出途中到避难所或利用压风自救系统自救，等待救护队救援。

（3）注意延期突出。有些矿井，出现了煤与瓦斯突出的某些预兆，但并不立即发生突出，延期突出容易使人产生麻痹，危害更大，对此，千万不能粗心大意，必须随时提高警惕。如一旦发生煤与瓦斯延期突出，会造成多人遇险。因此，一旦出现煤与瓦斯突出预兆，必须立即撤人，并佩戴好自救器，决不能犹豫不决。

4.38　井下发生煤与瓦斯突出时，遇险人员应如何避灾自救?

在有煤与瓦斯突出危险的矿井，矿工要把自己的隔离式自救器带在身上，一旦发生煤与瓦斯突出事故，立即打开外壳佩戴好，迅速外撤。

矿工在撤退途中，如果退路被堵，可到矿井专门设置的井下避难所暂时避灾，也可寻找有压缩空气管路的巷道、硐室躲避。这时要把管子的螺丝接头卸开，形成正压通风，延长避难时间。

4.39 井下发生火灾事故时，遇险人员应如何避灾自救？

(1) 首先要尽最大的可能迅速了解或判明事故的性质、地点、范围和事故区域的巷道情况、通风系统，风流及火灾烟气蔓延的速度、方向以及事故巷道与自己所处巷道位置之间的关系，并根据矿井灾害预防和处理计划及现场的实际情况，确定撤退路线和避灾自救的方法。

(2) 撤退时，无论在什么情况下都不要惊慌，不能狂奔乱跑。应在现场负责人及有经验的老工人的带领下有组织地撤退。

(3) 位于火源进风侧的人员，应迎着新鲜风流撤退。

(4) 位于火源回风侧的人员或是在撤退途中遇到烟气有中毒危险时，应迅速戴好自救器，尽快通过捷径绕到新鲜风流中去，或在烟气没有到达之前，顺着风流尽快从回风出口撤到安全地点；如果距火源较近而且越过火源没有危险时，也可迅速穿过火区撤到火源的进风侧。

(5) 如果在自救器的有效作用时间内不能安全撤出时，应在设有储存备用自救器的硐室换用自救器后再行撤退，或是寻找有压风管路系统的地点，以压缩空气供呼吸之用。

(6) 撤退行动既要迅速果断，又要快而不乱。撤退中应靠巷道有联通出口的一侧行进，避免错过脱离危险区的机会，同时还要随时注意观察巷道和风流的变化情况，谨防火风压可能造成的风流逆转。人与人之间要互相照应，互相帮助，共渡难关。

(7) 如果无论是逆风或顺风撤退，都无法躲避着火巷道或火灾烟气可能造成的危害，则应迅速进入避难硐室。没有避难硐室时应在烟气袭来之前，选择合适的地点，就地利用现场条件快速构筑临时避难硐室，进行避灾自救。

（8）逆烟撤退具有很大的危险性，在一般情况下不要这样做。除非是在附近有脱离危险区的通道出口，而且又有脱离危险区的把握时；或是只有逆烟撤退才有争取生存的希望时，才能采取这种撤退方法。

（9）撤退途中，如果有平行并列巷道或交叉巷道时，应靠有平行并列巷道和交叉巷口的一侧撤退，并随时注意这些出口的位置，尽快寻找脱险出路。在烟雾大、视线不清的情况下，要摸着巷道壁前进，以免错过联通出口。

（10）当烟雾在巷道里流动时，一般巷道空间的上部烟雾浓度大、温度高、能见度低，对人的危害也严重，而靠近巷道底板的情况要好一些，有时巷道底部还有比较新鲜的低温空气流动。为此，在有烟雾的巷道里撤退时，在烟雾不严重的情况下，即便为了加快速度也不应直立奔跑，而应尽量躬身弯腰，低着头快速前进。如烟雾大、视线不清或温度高时，则应尽量贴着巷道底板和巷壁，摸着铁道或管道等爬行撤退。

（11）在高温浓烟的巷道撤退还应注意利用巷道内的水浸湿毛巾、衣物，向身上淋水进行降温，或是利用随身物件等遮挡头面部，以防高温烟气的灼伤。

（12）在撤退过程中，当发现有发生爆炸的前兆时（巷道内的风流会有短暂的停顿或颤动，应当注意的是这与火风压可能引起的风流逆转的前兆有些相似），有可能的话要立即避开爆炸的正面巷道，进入旁侧巷道，或进入巷道内的躲避硐室；如果情况紧急，应迅速背向爆源，靠着巷道的一帮就地顺着巷道爬卧，面部朝下紧贴巷道底板，用双臂护住头面部并尽量减少皮肤的外露部分；如果巷道内有水坑或水沟，则应顺势爬入水中。在爆炸发生的瞬间，要尽力屏住呼吸或是闭气将头面部浸入水中，防止吸入爆炸火焰及高温有害气体，之后要以最快的动作戴好自救器。爆炸过后，应稍事观察，待没有异常变化迹象后，辨明情况和方向，沿着安全避灾路线，尽快离开灾区，转入有新鲜风流的安全地带。

4.40 井下发生透水事故时，遇险人员应如何避灾自救?

(1) 透水后，应在可能的情况下迅速观察和判断透水的地点、水源、涌水量、发生原因、危害程度等情况，根据灾害预防和处理计划中规定的撤退路线，迅速撤退到透水地点以上的水平，而不能进入透水点附近及下方的独头巷道。

(2) 行进中，应靠近巷道一侧，抓牢支架或其他固定物体，尽量避开压力水头和泄水流，并注意防止被水中滚动的矸石和木料撞伤。

(3) 如透水后破坏了巷道中的照明和路标，迷失行进方向时，遇险人员应朝着有风流通过的上山巷道方向撤退。

(4) 在撤退沿途和所经过的巷道交叉口，应留设指示行进方向的明显标志，以提示救护人员注意。

(5) 人员撤退到竖井，需从梯子间上去时，应遵守秩序，禁止慌乱和争抢。行动中手要抓牢，脚要蹬稳，切实注意自己和他人的安全。

(6) 如唯一的出口被水封堵无法撤退时，应有组织地在独头工作面躲避，等待救护人员营救，严禁盲目潜水逃生等冒险行为。

4.41 独头巷道冒顶，被堵人员应采取哪些措施?

(1) 遇险人员要正视已发生的灾害，切忌惊慌失措，坚信矿领导和同志们一定会积极进行营救。应迅速组织起来，主动听从灾区中班组长和有经验的老工人的指挥。团结协作，尽量减少体力和隔堵区的氧气消耗，有计划地使用饮水、食物和矿灯等，做好较长时间避灾的准备。

（2）如人员被困地点有电话，应立即用电话汇报灾情、遇险人员数和计划采取的避灾自救措施。否则，应采用敲击钢轨、管道和岩石等方法，发出有规律的呼救信号，并每隔一定时间敲击一次，不间断地发出信号，以便营救人员了解灾情，组织力量进行抢救。

（3）维护加固冒落地点和人员躲避处的支架，并经常派人检查，以防止冒顶进一步扩大，保障被堵人员避灾时的安全。

（4）如人员被困地点有压风管，应打开压风管给被困人员输送新鲜空气，并稀释被隔堵空间的瓦斯浓度，但要注意保暖。

4.42 工作面发生冒顶事故，被埋人员应如何自救、待救?

（1）迅速撤退到安全地点。

（2）遇险时要靠煤帮贴身站立或到木垛处避灾。从采煤工作面发生冒顶的实际情况来看，顶板沿煤壁冒落是很少见的。因此，当发生冒顶来不及撤退到安全地点时，遇险者应靠煤帮贴身站立避灾，但要注意煤壁片帮伤人。另外，冒顶时可能将支柱压断或摧倒，但在一般情况下不可能压垮或推倒质量合格的木垛。因此，遇险者所在位置靠近木垛时，可撤至木垛处避灾。

（3）遇险后立即发出呼救信号。冒顶对人员的伤害主要是砸伤、掩埋或隔堵。冒落基本稳定后，遇险者应立即采用呼叫、敲打（如敲打物料、岩块可能造成新的冒落时，则不能敲打，只能呼叫）等方法，发出有规律、不间断的呼救信号，以便救护人员和撤出人员了解灾情，组织力量进行抢救。

（4）遇险人员要积极配合外部的营救工作。冒顶后被煤矸、物料等埋压的人员，不要惊慌失措，在条件不允许时切忌采用猛烈挣扎的办法脱险，以免造成事故扩大。被冒顶隔堵的人员，应在遇险地点有组织地维护好自身安全，构筑脱险通道，配合外部的营救工作，为提前脱险创造良好条件。

第五节 现场急救

搞好煤矿现场急救的目的，在于尽可能地减轻伤员痛苦，防止病情恶化，防止和减少并发症的发生，并可挽救濒临死亡的人员的生命。现场急救的关键在于“及时”。因此，在煤矿现场做好急救工作，关系到伤员生命的安危和健康的恢复，是煤矿安全生产中的一件大事。

4.43 井下现场急救的基本程序是什么？

灾情发生后，在场人员要组织自救互救的班子，分头进行以下工作：

（1）指定人员准备解救工具、器材及代用品。

（2）展开自救互救，迅速排除险情，救出伤员，进行必要的初级救护。

（3）抢救中先重伤员后轻伤员，先止血和进行心肺复苏，后进行包扎及搬运。

4.44 井下工作应掌握哪些创伤急救基本技能？

掌握创伤急救技能对于为井下受伤人员争取抢救时间和时机极为重要。应掌握的主要技能包括：人工呼吸术、人工胸外心脏按摩、止血、包扎、骨折的临时固定和伤员搬运。

4.45 如何对中毒或窒息人员进行急救？

（1）立即将伤员从危险区抢运到新鲜风流中，并安置在顶板良好、无淋水和通风正常的地点。

（2）立即将伤员口、鼻内的黏液、血块、泥土、碎煤等除去并解开上衣和腰带，脱掉胶鞋。

（3）用衣服（有条件时，用棉被和毯子）覆盖在伤员身上以保暖。

（4）根据心跳、呼吸、瞳孔等特征和伤员的神志情况，初步判断伤情的轻重。休克伤员的两个瞳孔不一样大，对光线反应迟钝或不收缩。对呼吸困难或停止呼吸者，应及时进行人工呼吸。当出现心跳停止的现象（心音、脉搏和血压消失，瞳孔完全散大、固定，意志消失）时，除进行人工呼吸外，还应同时进行胸外心脏按压法急救。

（5）当伤员出现眼红肿、流泪、畏光、喉痛、咳嗽、胸闷现象时，说明是受 SO_2 中毒所致。当出现眼红肿、流泪、喉痛及手指、头发呈黄褐色现象时，说明伤员是受 NO_2 中毒。对 SO_2 和 NO_2 的中毒者只能进行口对口的人工呼吸，不能进行压胸或压背法的人工呼吸，否则会加重伤情。

（6）人工呼吸持续的时间以恢复自主性呼吸或到伤员真正死亡时为止。当救护队来到现场后，应转由救护队用苏生器苏生。

4.46 如何对烧伤人员进行急救？

矿工烧伤的急救要点可概括为灭、查、防、包、送五个字。

灭：扑灭伤员身上的火，使伤员尽快脱离热源，缩短烧伤时间。

查：检查伤员呼吸、心跳情况；检查是否有其他外伤或有害气体中毒；对爆炸冲击烧伤的伤员，应特别注意有无颅脑或内脏损伤和呼吸道烧伤。

防：要防止休克、窒息、创面污染。伤员因疼痛和恐惧发生休克时或发生急性喉头梗阻而窒息时，可进行人工呼吸等急救。在现场检查和搬运伤员时，为了减少创面的污染和损伤，伤员的衣服可以不脱、不剪开。

包：用较干净的衣服把伤面包裹起来，防止感染。在现场，除化学烧伤可用大量流动的清水持续冲洗外，对创面一般不做处理，尽量不弄破水泡以保持表皮。

送：把受伤严重的伤员迅速送往医院。搬运伤员时，动作要轻柔，行进要平稳，并随时观察伤情。

4.47 如何对出血人员进行急救?

（1）出血较多者，一般表现为脸色苍白，出冷汗，手脚发凉，呼吸急促。对这类伤员，首先要争分夺秒，准确有效地止血，然后再进行其他急救处理。

（2）对毛细血管和静脉出血，一般用干净布条（有条件时，用消毒纱布和绷带）包扎伤口即可，大的静脉出血可用加压包扎法止血，对于动脉出血应采用指压止血法或加压包扎止血法。

（3）对于因内伤而咯血的伤员，首先使其取半躺半坐的姿势，以利于呼吸和预防窒息，然后，劝慰伤员平稳呼吸，不要惊慌，以免血压升高，呼吸加快，使出血量增多。最后等待医生下井急救，或护送出井就医。

4.48 如何对骨折人员进行急救?

对骨折者，首先用毛巾或衣服作衬垫，然后就地取用木棍、木板、竹笆片等材料做成临时夹板，将受伤的肢体固定后，抬送医院。对受挤压的肢体，不得按摩、热敷或绑止血带，以免加重伤情。

4.49 如何对溺水人员进行急救?

水灾发生后，首先应抢救溺水人员。人员溺水时，水大量地灌入溺水者肺部，可造成呼吸困难而窒息死亡。所以，对溺水人员应迅速采取下列急救措施：

（1）转送。把溺水者从水中救出以后，要立即送到比较温暖和空气流通的地方，松开腰带，脱掉湿衣服，盖上干衣服，不使其受凉。

(2) 检查。以最快的速度检查溺水者的口鼻，如果有泥水和污物堵塞，应迅速清除，擦洗干净，以保持呼吸道通畅。

(3) 控水。使溺水者取俯卧位，用木料、衣服等垫在肚子下面；或将左腿跪下，把溺水者的腹部放在救护者的右侧大腿上，使其头朝下，并压其背部，迫使其体内的水由气管、口腔里流出。

(4) 人工呼吸。上述方法控水效果不理想时，应立即做俯卧压背式人工呼吸或口对口吹气，或胸外心脏按压。

4.50 如何对触电人员进行急救?

(1) 立即切断电源，或使触电者脱离电源。

(2) 迅速观察伤员有无呼吸和心跳。如发现已停止呼吸或心音微弱，应立即进行人工呼吸或胸外心脏按压。

(3) 若呼吸和心跳都已停止，应同时进行人工呼吸和胸外心脏按压。

(4) 对遭受电击者，如有其他损伤（如跌伤、出血等），应做相应的急救处理。

4.51 人工呼吸有哪些方法？实施人工呼吸有哪些要求?

人工呼吸适用于触电休克、溺水、有害气体中毒窒息或外伤窒息等引起的呼吸停止、假死状态者。如果停止呼吸不久大都能用人工呼吸方法进行抢救。常用的方法有口对口的人工呼吸、仰卧压胸的人工呼吸和俯卧压背的人工呼吸三种。

实施人工呼吸的要求：

(1) 在施行人工呼吸前，先要将伤员运送到安全、通风良好的地方，将领口解开，腰带放松，注意保护体温。

(2) 腰背部要垫上软的衣服等，使胸部张开。

(3) 应先清除口中脏物，把舌头拉出或压住，防止堵住喉咙，妨碍呼吸。

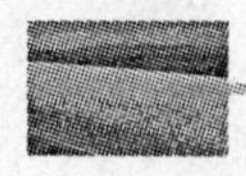

(4) 各种有效的人工呼吸必须在呼吸道畅通的前提下进行，才能获得成功。

4.52 口对口人工呼吸应如何操作？

(1) 操作前使伤员仰卧，救护者在其头的一侧，一手托起伤员下颌，并尽量使其头部后仰，另一手将其鼻孔捏住，以免吹气时，从鼻孔漏气。

(2) 自己深吸一口气，对紧伤员的口将气吹入，使之吸气。

(3) 松开捏鼻的手，并用一手压其胸部以帮助呼气。

(4) 如此有节律地、均匀地反复进行，每分钟应吹气 14～16 次。

(5) 注意吹气时切勿过猛、过短，也不宜过长，以一次呼吸周期的 1/3 为宜。

4.53 仰卧压胸人工呼吸应如何操作？

(1) 让伤员仰卧，救护者跨跪在伤员大腿两侧，两手拇指向内，其余四指向外伸开，平放在其胸部两侧乳头之下，借半身重力压伤员胸部，挤出肺内空气。

(2) 救护者身体后仰，除去压力，伤员胸部靠其弹性自然扩张，便于空气吸入肺内。

(3) 如此有节律地进行，要求每分钟压胸 16～20 次。

(4) 此法不适用于胸部外伤或 SO_2、NO_2 中毒者，也不能与胸外心脏按压法同时进行。

4.54 俯卧压背人工呼吸应如何操作？

此法与仰卧压胸法操作法大致相同，只是伤员俯卧，救护者跨跪在伤员大腿两侧。此法对溺水急救较为适合，因为这样做便于排出肺内水分。

4.55　人工胸外心脏按压应如何操作？

此法适用于各种原因造成的心跳骤停者。在胸外心脏按压前，应先做心前区捶击术（使伤员头低脚高，施术者以左手掌置其心前区，右手握拳，每隔 1～2 秒在左手背上轻捶 3～5 次），促使伤员心脏复跳，如果捶击无效，应及时正确地进行胸外心脏按压。其操作方法是：

首先将伤员仰卧木板上或地上，解开上衣和腰带，脱掉胶鞋。救护者位于伤员左侧，手掌面与前臂垂直，一手掌面压在另一手掌面上，使双手重叠，置于伤员胸骨的三分之一处（其下方为心脏），以双肘和臂肩之力有节奏地、冲击式地向脊柱方向用力按压，使胸骨压下 3～4 厘米（有胸骨下陷的感觉就可以了），为心脏恢复自主节律创造条件。按压后，迅速抬手使胸骨复位，以利于心脏的舒张，按压次数，以每分钟 60～80 次为宜。按压过快，心脏舒张不够充分，心室内血液不能完全充盈；按压过慢，动脉压力低，效果也不好。

4.56　人工胸外心脏按压的注意事项是什么？

（1）按压的力量应因人而异。对身强力壮的伤员，按压力量可大些；对年老体弱的伤员，力量宜小些。按压的力量要稳健有力，均匀规则，重力应放在手掌根部，着力仅在胸骨处，切勿在心尖部按压，同时注意用力不能过猛，否则可致肋骨骨折，心包积血或引起气胸等。

（2）胸外心脏按压与口对口吹气应同时施行，一般每按压心脏 4 次，做口对口吹气 1 次，如 1 人同时兼做此两种操作，则每按压心脏 10～15 次，较快地连续吹气 2 次。

（3）按压显效时，可摸到颈总动脉、股动脉搏动，散大的瞳孔开始缩小，口唇、皮肤转为红润，血压复升至 60 毫米汞柱以上。

心脏按压是用人工的力量来帮助伤员心脏复跳、维持血液循环的方法，操作简便易行，效果可靠，随时随地都可施行。

4.57 包扎有何作用？哪些材料可以作为包扎材料？

在井下作业过程中，皮肤受煤、矸石、机械器具的砸、碰、擦、刮、挤、压等都会造成撕裂破损，出现创伤。创伤的症状表现为破损、裂口、出血。包扎是一般皮肤创伤所需的现场救护方法，它具有固定敷料和夹板位置、止血和托扶受伤肢体的作用，当皮肤、肌肉出现擦、裂伤时，应立即予以包扎，避免伤口继续污染。

创伤包扎的材料有：清洁的厚棉垫和布带、胶布、绷带、三角巾、头带等。现场没有上述材料时，可就地取材，用毛巾、手帕、衣服等代替。

4.58 骨折的抢救要点是什么？

（1）根据受伤的原因、部位、症状、体征等，先做扼要的检查和判断。凡疑有骨折者均应按骨折处理，若伤员有休克发生，则应先抢救。对开放性骨折伤员，应先处理创口、止血，然后再进行骨折固定。

（2）在进行骨折固定时，应使用夹板、绷带、三角巾、棉垫等物品，若身边没有时，可就地取材，如板劈、树枝、木板、木棍、硬纸板、塑料板、衣物、毛巾等均可代替。

（3）骨折固定应包括上、下两个关节，在肩、肘、腕、股、膝、踝等关节处应垫棉花或衣物，以免压破关节处皮肤，固定应以伤肢不能活动为度，不可过松或过紧。

（4）在处理骨折时，应注意有无内脏损伤、血气胸等并发症，若有应先行处理。

（5）搬运时要做到轻、快、稳。

4.59 骨折后如何进行固定?

(1) 上臂骨折。于患侧腋窝内垫以棉垫或毛巾，在上臂外侧安放垫衬好的夹板或其他代用物，绑扎后，使肘关节屈曲 90°，将患肢捆于胸前，再用三角巾或绷带将其悬吊于胸前。

(2) 前臂及手部骨折。用衬好的两块夹板或代用物，分别置放在患侧前臂及手的掌侧及背侧，以布带或绷带绑好，再以三角巾或绷带将臂吊于胸前。

(3) 大腿骨折。用长木板放在患肢及躯干外侧，半髋关节、大腿中段、膝关节、小腿中段、踝关节同时固定。

(4) 小腿骨折。以长 83 厘米、宽 10 厘米的木夹板 2 块，自大腿上段至踝关节分别在内外 2 侧捆绑固定。

(5) 骨盆骨折。用床单或衣物将骨盆部包扎住，并将伤员两下肢互相捆绑在一起，膝、踝间加以软垫，屈髋、屈膝，用多人将伤员仰卧平托在木板担架上。有骨盆骨折者，应注意检查有无内脏损伤及内出血。

(6) 锁骨骨折。以绷带作"∞"形固定，固定时双臂应向后伸。

4.60 搬运伤员应注意哪些问题?

井下条件复杂，道路不畅，转运伤员要尽量做到轻、稳、快。没有经过初步固定、止血、包扎和抢救的伤员，一般不应转运。正确的搬运方法可以减轻伤员的痛苦,迅速送往医院进行进一步抢救。搬运时应做到不增加伤员的痛苦，避免造成新的损伤及合并症。搬运时应注意以下事项:

(1) 呼吸、心跳骤停及休克昏迷的伤员应先及时复苏后再搬运。若没有懂得复苏技术的人员，则可为争取抢救的时间而迅速向外搬运，去迎接救护人员进行及时抢救。

(2) 对昏迷或有窒息症状的伤员，要把肩部稍垫高，使头部后

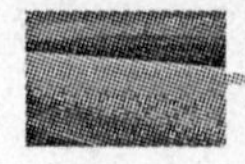

仰，面部偏向一侧或采用侧卧位和偏卧位，以防胃内呕吐物或舌头后坠堵塞气管而造成窒息，注意随时都要确保呼吸道的通畅。

（3）一般伤员可用担架、木板、风筒、刮板输送机槽、绳网等运送，但脊柱损伤和骨盆骨折的伤员应用硬板担架运送。

（4）对一般伤员均应先行止血、固定、包扎等初步救护后，再进行转运。

（5）对脊柱损伤的伤员，要严禁让其坐起、站立和行走。也不能用一人抬头、一人抱腿或人背的方法搬运，因为当脊柱损伤后，再弯曲活动时，有可能损伤脊髓而造成伤员截瘫甚至突然死亡，所以在搬运时要十分小心。

在搬运颈椎损伤的伤员时，要专门有一人抱持伤员的头部，轻轻地向水平方向牵引，并且固定在中立位，不使颈椎弯曲，严禁左右转动。搬运者多人双手分别托住颈肩部、胸腰部、臀部及两下肢，同时用力移上担架，取仰卧位。担架应用硬木板，肩下应垫软枕或衣物，使颈椎呈伸展样（颈下不可垫衣物），头部两侧用衣物固定，防止颈部扭转，且忌抬头。若伤员的头和颈已处于曲歪位置，则需按其自然固有姿势固定，不可勉强纠正，以避免损伤脊髓而造成高位截瘫，甚至突然死亡。

（6）搬运胸、腰椎损伤的伤员时，先把硬板担架放在伤员旁边，由专人照顾患处，另有两三人在保持脊柱伸直位下，同时用力轻轻将伤员推滚到担架上，推动时用力大小、快慢要保持一致，要保证伤员脊柱不弯曲。伤员在硬板担架上取仰卧位，受伤部位垫上薄垫或衣物，使脊柱呈过伸位，严禁坐位或肩背式搬运。

另一种办法是一人抬腿，一人抬头，中间两人托腰或用宽布托腰，不让腰部弯曲，抬到硬板担架上，伤员也可取卧位。若仰卧时，腰部下及两侧垫上衣物，防止伤员移动。

（7）一般外伤的伤员，可平卧在担架上，伤肢抬高。胸部外伤的伤员可取半坐位。有开放性气胸者，需封闭包扎后，才可转运。腹腔部内脏损伤的伤员，可平卧，用宽布带将腹腔部捆在担架上，以减轻痛苦及出血。骨盆骨折的伤员可仰卧在硬板担架上，屈髋、屈膝、膝下垫软枕或衣物，用布带将骨盆固定在担架上。

(8) 转运时应让伤员的头部在后面，随行的救护人员要时刻注意伤员的面色、呼吸、脉搏，必要时要及时抢救。随时注意观察伤口是否继续出血、固定是否牢靠，出现问题要及时处理。上下山时，应尽量保持担架平衡，防止伤员从担架上翻滚下来。

(9) 运送到井上后，应向接管医生详细介绍受伤情况及检查、抢救经过。

参考文献

[1] 国家煤矿安全监察局. 煤矿安全规程[M]. 北京：煤炭工业出版社，2006.

[2] 隆泗，周一正. 煤矿安全知识问答[M]. 2版. 成都：西南交通大学出版社，2005.

[3] 游华聪. 煤矿通风技术与安全管理[M]. 成都：西南交通大学出版社，2005.

[4] 张国枢. 通风安全学[M]. 徐州：中国矿业大学出版社，2000.

[5] 张晓彻. 煤矿新工人[M]. 北京：煤炭工业出版社，2003.

[6] 黄建功. 煤矿生产技术与安全管理[M]. 成都：西南交通大学出版社，2005.

[7] 华道友. 煤矿重大事故处理与救灾技术[M]. 成都：西南交通大学出版社，2006.